ESSAI

D'UNE THÉORIE

SUR LA STRUCTURE

DES CRYSTAUX.

ESSAI

D'UNE THÉORIE

SUR LA STRUCTURE

DES CRYSTAUX,

APPLIQUÉE

A PLUSIEURS GENRES DE SUBSTANCES CRYSTALLISÉES;

Par M. l'Abbé HAÜY, de l'Académie Royale des Sciences, Professeur d'Humanités dans l'Université de Paris.

A PARIS,

Chez GOGUÉ & NÉE DE LA ROCHELLE, Libraires,
Quai des Augustins, près le Pont Saint-Michel.

***

M. DCC. LXXXIV.

SOUS LE PRIVILÉGE DE L'ACADÉMIE.

AVERTISSEMENT.

L A théorie que je propoſe dans
cet Ouvrage, eſt fondée ſur l'accord de l'obſervation avec le calcul,
dont je ne pouvois me diſpenſer
de faire uſage, pour traiter, avec
quelque ſuccès, une matière où
tout eſt, pour ainſi dire, proportion & régularité. Quoique les
démonſtrations que j'ai employées
n'exigent, la plupart, que des con-
noiſſances ordinaires d'Algèbre &
de Géométrie, il faut un œil
exercé pour concevoir les figures
dont une grande partie repréſente
ſur un plan des objets en relief,
avec des lignes qui ſe croiſent
dans tous les ſens. Il ſeroit bon
que les Lecteurs, qui deſireront
ſuivre les détails de ces démonſtra-

tions , exécutaffent eux-mêmes ou
fiffent exécuter , foit en carton ,
foit avec toute autre matière , des
folides qui repréfenteroient les
principales variétés des Cryftaux ,
& y traçaffent les lignes indiquées
dans les figures. On pourra s'aider
des développemens qui fe trouvent
à la tête de chaque article, pour
donner à ces Cryftaux artificiels des
formes exactement femblables à
celles des modèles produits par la
Nature.

TABLE

DES ARTICLES.

E X T R A I T des Regiſtres de l'Académie Royale des Sciences, du 26 Novembre 1783.

MESSIEURS Daubenton & de la Place ayant rendu compte d'un Ouvrage intitulé : *Eſſai d'une Théorie ſur la Structure des Cryſtaux,* par M. l'Abbé HAÜY, l'Académie a jugé cet Ouvrage digne de ſon approbation, & d'être imprimé ſous ſon Privilége : en foi de quoi j'ai ſigné le préſent Certificat. A Paris, le 26 Novembre 1783, *ſigné* le Marquis DE CONDORCET, Secrétaire Perpétuel.

Fautes eſſentielles à corriger.

Pag. 70, lig. 16, *o r t*, liſez *o r i.*
Id. lig. 19, *r e* parallèle à *i o*, liſez *r i* parallèle à *t o.*

1

INTRODUCTION.

INTRODUCTION.

Sous quelque point de vue que l'on
envisage la Nature, on est frappé de
l'abondance & de la variété de ses pro-
ductions. Tandis qu'elle embellit &
anime la surface du globe par la suc-
cession constante des êtres organisés ;
elle travaille en secret, dans les cavités
souterraines, sur la matière inorganique,
& semble se jouer dans la diversité des
formes géométriques qui naissent de
son opération. On sait que quand les
molécules des substances minérales se
trouvent suspendues librement dans un
fluide avec le degré de pureté & de
ténuité nécessaire ; quand elles jouis-
sent, selon l'expression si nette & si

A

précife de M. Daubenton (1), *du temps,
de l'efpace & du repos*, elles cèdent à
la tendance qu'elles ont les unes vers
les autres, s'approchent, fe réuniffent
& forment par leur affemblage des polyèdres terminés ordinairement par des
faces planes. Ce font ces corps aux-
quels on a donné le nom de cryftaux,
& dont l'étude, mieux fuivie depuis
un certain nombre d'années, a découvert aux yeux des Naturaliftes un nouvel ordre de faits intéreffans, où l'on
voit jufqu'aux moindres molécules de
la matière foumifes, par une Sageffe
fuprême, à des loix toujours fubfiftantes,
d'où naiffent l'harmonie & la régularité.

L'étude dont il s'agit, & en général
celle des minéraux, eft bornée à un
nombre de genres beaucoup moins confidérable que celle des animaux & des
plantes; & à cet égard, elle exige

---

(1) Leçons de Minéralogie.

moins d'efforts de la part de l'efprit, qui, étant moins partagé par la multitude des objets, en faifit plus facilement l'enfemble & les rapports mutuels. Mais la diverfité des formes dont une même fubftance eft fufceptible, offre ici un grand obftacle de plus à vaincre. Dans les animaux & les végétaux, les divers individus d'une même efpèce portent, pour ainfi dire, l'empreinte vifible d'un modèle commun ; la grandeur de l'objet, les dimenfions refpectives de fes parties, leurs couleurs, peuvent varier : mais, au milieu de ces modifications accidentelles, la forme primitive fubfifte toujours, & s'annonce par des traits apparens & ineffaçables. Dans les minéraux au contraire, & fur-tout dans les cryftaux, les variétés d'une même forte paroiffent fouvent au premier afpect, n'avoir entr'elles aucun rapport, & quelquefois même ceux que l'on y apperçoit deviennent une nouvelle fource de difficultés. On connoît, par exemple, trois rhomboïdes de fpath calcaire (1), différens les uns des autres par leurs angles plans, ou, ce qui revient au même, plus ou moins furbaiffés. Cette diverfité d'angles dans des formes analogues, que l'on doit fuppofer produites par des molécules parfaitement femblables, offre un fait peut-être encore plus furprenant, que la différence totale qui fe trouve entre d'autres variétés du même fpath.

Une difficulté d'un genre tout oppofé, provient de la reffemblance des formes dans des fubftances très-éloignées les unes des autres par leur nature. Les Obfervateurs exercés favent combien de minéraux divers affectent la figure de l'octaèdre & celle du cube.

Avant de faire connoître les moyens par lefquels j'ai effayé de lever une partie de ces difficultés, j'obferverai

____

(1) Voyez ci-après, article I, n°. 3, la définition du mot *Rhomboïde*, d'après le fens que j'ai cru devoir y attacher.

que l'on peut se proposer deux chofes dans l'étude des cryftaux : l'une, de tirer de leurs différentes formes, des caractères diftinctifs, pour reconnoître les minéraux ; l'autre, de comparer ces formes les unes avec les autres, d'en faifir les rapports & les différences, & même d'expliquer, s'il fe peut, le mécanifme interne de leur ftructure ; de réduire, en un mot, la Cryftallographie à une Science qui ait des principes fixes, d'où l'on puiffe tirer des conféquences propres à répandre du jour fur une matière jufqu'ici enveloppée de tant d'obfcurités.

A l'égard du premier de ces objets, il eft certain d'abord que jamais on ne pourra faire de la Cryftallographie la bafe d'une diftribution méthodique des minéraux. Outre qu'ils ne fe préfentent ni toujours ni même tous dans l'état de cryftaux, il faudroit, pour qu'on pût établir une méthode fur ce fondement, que chaque forte de minéral affectât une forme particulière qui lui appartînt à l'exclufion des autres, & dont les modifications, fi elle en fubiffoit quelques-unes, fuffent trop légères pour mafquer la forme originaire au point de la rendre méconnoiffable. Or, j'ai déjà remarqué combien les formes des cryftaux étoient éloignées de fe prêter à la fimplicité de cet ordre. Ces formes ne peuvent donc être employées que fubfidiairement, & comme caractères fecondaires; avec ceux qui fe tirent de la caffure, de la dureté, du poli, &c.; & c'eft de cette manière qu'elles ont été employées par M. Daubenton, dans fa diftribution méthodique du Règne Minéral.

Quant au fecond point, qui confifte à établir une théorie fur la Cryftallifation, il m'a paru que l'on avoit trop négligé de faire les recherches qui pouvoient conduire à ce but. J'avoue qu'au premier coup-d'œil il fe préfente un fi grand nombre de formes accidentelles, que l'on ne préfume pas qu'il foit poffible même d'entrevoir la marche de la Nature à travers cette multitude de déviations apparentes qui nous la dérobent. Cependant, en y regardant de plus près, on obferve que beaucoup de formes, qui d'abord avoient paru femblables dans les cryftaux de nature diverfe, diffèrent entr'elles par les angles plans de leurs faces, par les inclinaifons refpectives de ces mêmes faces, par les hauteurs des axes des pyramides qui fe réuniffent fouvent bafe à bafe, pour former un feul cryftal, &c. On remarque de plus que ces angles & ces axes font conftans dans la même variété de cryftal, quel que foit le Pays d'où elle a été apportée, en fuppofant d'ailleurs qu'elle foit bien nette & bien prononcée. On apperçoit des paffages d'une forme à l'autre, des gradations marquées, qui indiquent des rapprochemens que l'on n'avoit pas foupçonnés d'abord. Ce font ces obfervations, fuivies avec foin, & fouvent répétées, qui m'ont fait naître le défir & l'efpérance de faire un nouveau pas dans la connoiffance des cryftaux, & de répandre quelque jour fur cette matière, d'autant plus intéreffante, qu'elle tient très - probablement à l'une des caufes générales du mouvement des corps & aux plus grands phénomènes de la Nature.

Au refte, mon deffein n'a pas été de rechercher la manière dont agiffent les forces primitives auxquelles eft foumife la cryftallifation. Je ne fais s'il feroit poffible d'avoir égard à tous les élémens qui doivent entrer dans une pareille théorie, tels que le volume des molécules fur lefquelles les forces dont il s'agit exercent leur action, le degré de denfité du fluide, fon degré de température, la forme de la cavité, & autres circonftances femblables, qui influent néceffairement dans la formation des cryftaux, & qu'il faudroit fou-

mettre au calcul, pour réfoudre com-
plettement les problêmes de cet ordre.
Je me fuis borné à un genre de recherches plus à ma portée, en me pro-
pofant de déterminer la forme des molécules conftituantes (1) des cryftaux,
& la manière dont elles font arrangées
entr'elles dans chaque cryftal. C'eft
cette combinaifon que j'appelle *ftructure*;
& l'on verra, dans le cours de cet
Ouvrage, qu'elle eft foumife à un petit
nombre de loix, dont les modifications
combinées produifent toutes les variétés
de formes que l'on obferve dans les cryftaux.

Les réfultats auxquels conduit une
pareille théorie, ne pouvoient être
conftatés qu'à l'aide de la Géométrie.
L'afpect feul de ces polyèdres, fur lefquels il femble qu'une main exacte ait
porté la règle & le compas, pour en

---

(1) Voyez ci-deffous, art. I, n°. 2, la définition de
ce mot.

fixer les dimenſions, indique un objet ſuſceptible d'être ſoumis aux méthodes rigoureuſes des Sciences mathématiques: mais il falloit trouver dans l'objet même des données ſuffiſantes pour exclure toute ſuppoſition arbitraire, & pour conduire à des ſolutions qui repréſentaſſent les vrais réſultats du travail de la Nature.

Une obſervation que je fis ſur le ſpath calcaire en priſme à ſix pans, terminé par deux faces exagones (1), me ſuggéra l'idée fondamentale de toute la théorie dont il s'agit. J'avois remarqué qu'un cryſtal de cette variété, qui s'étoit détaché par hazard d'un groupe, ſe trouvoit caſſé obliquement, de manière que la fracture préſentoit une coupe nette, & qui avoit ce brillant auquel on reçonnoît le poli de la Nature. J'eſſayai ſi je ne pourrois point faire, dans ce même priſme, des coupes

______

(1) Voyez le n°. 18.

dirigées felon d'autres fens ; & après différentes tentatives , je parvins à obtenir de chaque côté du prifme trois fections obliques : & par de nouvelles coupes parallèles aux premières , je détachai un rhomboïde parfaitement femblable au fpath d'Iflande, & qui occupoit le milieu du prifme. Frappé de cette obfervation , je pris d'autres fpaths calcaires , tel que celui qui forme un rhomboïde à angles très-obtus (1), celui dont la furface eft compofée de douze plans pentagones (2) ; & j'y retrouvai le même noyau rhomboïdal que m'avoit offert le prifme dont j'ai parlé plus haut.

Des épreuves femblables , faites fur des cryftaux de plufieurs autres genres , affez tendres pour être divifés nettement , me donnèrent des noyaux qui avoient d'autres formes , mais dont cha-

----

(1) Voyez le n°. 22.
(2) Voyez le n°. 25,

cune étoit invariable dans le même genre de cryftal. Je crus alors être fondé, d'après les tentatives faites fur les cryftaux mentionnés, & d'après des raifons d'analogie pour les cryftaux que leur dureté ne permettoit pas de divifer, à établir ce principe général, que toute variété d'un même cryftal renfermoit, comme noyau, un cryftal qui avoit la forme primitive & originaire de fon genre.

Cette forme, comme on le voit, n'eft point prife arbitrairement, mais indiquée par la Nature elle - même : auffi verra-t-on dans cet Ouvrage qu'elle eft fouvent fort différente de celles qui ont été adoptées par d'autres Auteurs pour les divers genres de cryftaux, fans aucune raifon de préférence fondée fur l'expérience & l'obfervation.

La forme primitive, confidérée par rapport à chacun des cryftaux fecondaires d'un même genre, repréfente un polyèdre infcrit dans un autre polyèdre, qui varie pour la figure, le nombre & la difposition de fes faces : tantôt c'eft un prifme fans pyramide ; tantôt le prifme a une pyramide à chacune de fes extrémités ; d'autres fois enfin, c'eft un affemblage de pyramides groupées régulièrement.

Lorfque les cryftaux font affez tendres pour être divifés, on peut faire dans le noyau des fections parallèles à fes différentes faces ; toute la matière enveloppante fe divife auffi parallèlement aux faces du noyau : en forte que toutes les parties que l'on retire par ces différentes fections font femblables entr'elles & au noyau. Il en faut cependant excepter les parties fituées fur le bord des lames compofantes, qui fe préfentent fous une forme différente des autres. Pour concevoir que cela doit être ainfi, fuppofons un cube infcrit dans un octaèdre ; fi l'on divife l'octaèdre par des fections parallèles aux faces du cube, il eft clair que l'on

retirera, par ces sections, une multitude de petits cubes de l'intérieur de
l'octaèdre ; mais les parties situées près
de la surface ne pouvant avoir leurs faces
extérieures parallèles aux faces corres-
pondantes du cube, n'auront pas non
plus la forme cubique : en sorte que la
division donnera toujours un reste.

Il y a plus ; quand même on sup-
poseroit aux parties d'un crystal secondaire des formes différentes de celles
que l'on obtient par les sections dont
j'ai parlé, il seroit encore impossible
de réduire le crystal, en concevant sa
surface lisse & polie, à un assemblage
de molécules toutes semblables entr'elles. Que l'on prenne, par exemple,
d'une part un rhomboïde semblable au
spath d'Islande, & de l'autre un prisme
à six pans, terminé par deux faces
exagones, qui est, comme je l'ai dit,
une des variétés du spath calcaire, tout
Géomètre sentira facilement que ces
deux cryftaux, en supposant leurs sur-

faces parfaitement de niveau dans toute leur étendue, ne peuvent être compofés de parties femblables, ou, ce qui revient au même, qu'il n'y a aucune forme de polyèdre qui puiffe fervir à tous les deux de mefure, commune.

Ces confidérations m'ont fait préfumer que les faces des cryftaux fecondaires ne devoient pas être confidérées comme des plans géométriques, mais qu'elles étoient pleines de petites inégalités : en forte que leurs lames, au lieu d'avoir leurs bords de niveau, les avoient difpofés en retraite, à-peu-près comme les degrés d'un efcalier, & que même, dans plufieurs cas indiqués par la ftructure, comme on le verra dans la fuite de l'Ouvrage, le bord de chaque lame, au lieu de former une arête continue, étoit comme dentelé, & formoit alternativement des angles rentrans & faillans.

Dans cette hypothèfe, la plus natutelle, & même, j'ose le dire, la seule raisonnable que l'on pût imaginer, les parties d'une forme en quelque sorte étrangère, qui occupoient le contour des lames, n'offroient qu'une apparence trompeuse ; & en supposant les divisions mécaniques du crystal poussées jusqu'à leur dernière limite, c'est-à-dire, jusqu'au point d'isoler les molécules constituantes, ces parties s'évanouissoient entièrement ; il ne restoit plus alors que des molécules exactement semblables entr'elles, & au noyau renfermé dans le crystal, dont la structure, considérée sous ce point de vue, se trouvoit ramenée à une parfaite uniformité.

Si l'on fait attention à l'extrême petitesse des molécules constituantes des crystaux , on concevra aisément que, dans le cas d'une crystallisation parfaitement régulière, les vacuoles & les inégalités dont j'ai parlé doivent être nulles pour nos sens. Mais il s'en faut

bien

bien que toutes les conditions requifes pour conduire la Nature au but de fon opératioñ , fe trouvent toujours réunies. Gênée dans fa marche par mille accidens & par l'action de différentes caufes perturbatrices ; elle agit fouvent par des degrés intermittens , laiffe fon ouvrage imparfait , quelquefois ne fait que l'ébaucher ; & par-là même fe décèle à des yeux attentifs , & donne à entrevoir le fecret de fon opération. On obferve alors fur la furface des cryftaux , tantôt des ftries ou cannelures , qui indiquent non-feulement la pofition des lames , mais même leur retraite ; tantôt des afpérités , qui annoncent les petites faillies dont les rebords des mêmes lames font tout hériffés.

Ces indices m'ont paru confirmer l'hypothèfe dont j'ai parlé : cependant, pour lui donner le plus grand degré de probabilité poffible , il falloit encore y imprimer, pour ainfi dire , le fceau du calcul ; & c'eft alors que la Géo-

métrie devenoit d'un usage indispen-
sable : mais on ne pouvoit appliquer
ici le calcul, sans connoître la forme
exacte des molécules constituantes. Or,
les sections que l'on peut faire dans un
crystal ne donnent pas précisément cette
forme ; elles déterminent seulement les
angles des faces , & non pas les dimensions respectives des côtés, puisqu'entre
deux sections, on peut toujours en faire
passer une troisième , qui , sans altérer
les angles, changera les dimensions de
la figure produite par les premières sections. Lorsqu'on divise , par exemple ,
un cube de sel marin, on peut en retirer
à volonté des parallélipipèdes rectangles
de toutes fortes de dimensions respectives, suivant les distances que l'on
mettra entre les sections. Rien ne dit
où il faudroit s'arrêter , parce qu'à
quelqu'endroit que l'on essaye d'entamer
le crystal, la section passera toujours
entre deux molécules, sans qu'on puisse
jamais isoler celles ci , à cause de leur
extrême petitesse.

Pour avoir quélque chofe de fixe à cet égard, j'ai choifi d'abord des cryftaux dont on ne peut douter, ce me femble, que les molécules ne foient d'une figure parfaitement régulière ; c'eft-à-dire, n'aient leurs faces toutes égales & femblables entr'elles. Tels font entr'autres les cryftaux de fel marin & ceux de fpath calcaire : la ftructure même des variétés de ces cryftaux indique vifiblement que les molécules de l'un font de vrais cubes, & celles de l'autre des rhomboïdes ; car fi cela n'étoit pas, il faudroit dire, par exemple, qu'un noyau rhomboïdal de fpath calcaire, au lieu d'être compofé de petits rhomboïdes femblables à lui - même, feroit un affemblage de petites lames ou de parallélipipèdes, qui auroient une épaiffeur moindre que leur largeur. Cela pofé, comme toutes ces lames s'appliqueroient les unes aux autres par leurs faces femblables pour former un rhomboïde tel que celui dont il s'agit, il faudroit concevoir que toutes les grandes faces des lames composantes seroient parallèles à deux faces opposées du rhomboïde, & que les rebords ou petites faces des lames répondroient aux quatre autres faces du rhomboïde. Or, un pareil assemblage ne s'accorde point avec la structure & la forme des crystaux secondaires ; car, dans la plupart de ceux-ci, les parties surajoutées au noyau, forment des espèces de pyramides semblables entr'elles, & appliquées par leurs bases sur la différentes faces du noyau. Mais, dans l'hypothèse dont j'ai parlé, on ne conçoit pas comment la pyramide qui reposeroit sur une des faces du noyau, formée par les rebords des petites lames composantes, pourroit être parfaitement semblable à la pyramide appliquée sur la face voisine, qui seroit formée par les grandes faces des mêmes lames. La disposition symétrique de la matière enveloppante me semble annoncer évidemment que toutes les faces du noyau font des affemblages de figures femblables entr'elles & à ces mêmes faces ; ce qui fuppofe que le noyau lui-même a pour molécules conftituantes de petits rhomboïdes, plutôt que de fimples lames.

La figure des molécules étant déterminée pour les cryftaux dont je viens de parler, j'ai trouvé, par le calcul, que parmi une infinité de loix poffibles de décroiffemens, il n'y en avoit qu'un petit nombre auxquelles la formation de ces cryftaux fût affujettie. Pour donner, dès maintenant, une idée de ces loix, fuppofons qu'on fe propofe de former, avec une multitude de petits cubes, une pile quadrangulaire régulière, c'eft-à-dire, compofée de couches qui aillent en décroiffant uniformément de la bafe au fommet. Il eft clair qu'ayant pris à volonté, pour compofer la première couche, un nombre quarré de petits folides cubiques, on pourra difpofer les couches fuivantes de manière que chacune ait fur fon contour une, ou deux, ou trois rangées, ou un plus grand nombre encore, de moins que la couche qui fe trouvera immédiatement au-deſſous; en forte que les nombres des cubes qui compoferont les couches fucceſſives feront repréſentés par les termes d'une férie récurrente. Plus les cubes compoſans feront petits, plus la pile approchera de la forme d'une pyramide à faces liſſes : de manière que, fi l'on fuppoſe les cubes preſqu'infiniment petits, l'eſpèce d'eſcalier que forment les couches compoſantes par leur retraite, devenant inſenſible à l'œil, la pile fe préſentera fous l'aſpect d'une véritable pyramide quadrangulaire, dont la hauteur variera felon que la férie qui repréſente les couches de fuperpofition fera plus ou moins convergente.

Telle eſt la manière dont il faut concevoir les décroiſſemens qui fe font fur les bords des lames qui compoſent

les cryſtaux ſecondaires. On verra dans
cet Ouvrage que ces lames décroiſſent
également par leurs angles, dans pluſieurs cas ; mais toujours ſuivant une
loi telle que les parties qui ſe trouvent
ſupprimées à chaque application d'une
nouvelle lame, ſont des rangées de molécules parfaitement égales & ſemblables à celles dont le noyau eſt l'aſſemblage. L'exiſtence des loix dont il
s'agit eſt prouvée par l'accord du calcul
avec l'obſervation, puiſque les angles,
ſoit plans, ſoit ſolides, des cryſtaux,
calculés d'après ces mêmes loix, ſe
trouvent être les mêmes que ceux qu'on
meſure immédiatement ſur le cryſtal.

En admettant ces loix, & en raiſon-
nant par analogie des autres cryſtaux
dans leſquels les dimenſions reſpectives
des molécules n'étoient pas déterminées,
je fis l'opération inverſe ſur ces derniers
cryſtaux; c'eſt-à-dire que je ſuppoſai
d'avance les mêmes loix de décroiſſement que j'avois découvertes dans les

premiers cryſtaux, & d'après cette hypothèſe, je déterminai par le calcul
la hauteur des molécules (1). J'expliquerai dans la ſuite de cet Ouvrage
de quelle manière je ſuis parvenu à
déterminer auſſi le rapport que gardent
entr'eux les côtés des baſes de chaque
molécule, dans le cas où ces baſes
ſont, par exemple, des parallélogrammes obliquangles, ou des rhombes
alongés, comme dans les molécules
du gypſe.

Voilà à quoi ſe réduit le fonds de
mon travail ſur les cryſtaux, & la
théorie qui ſera développée dans le

____

(1) Il n'eſt pas inutile d'obſerver ici, que, même
abſtraction faite des dimenſions reſpectives des molécules, l'exiſtence des loix de décroiſſement dont j'ai
parlé n'en ſeroit pas moins prouvée. On ignoreroit
ſeulement ſi ces décroiſſemens ſe font par une rangée
de molécules, plutôt que par deux ou trois rangées,
ou par un plus grand nombre. Mais il ſeroit toujours
vrai de dire que les décroiſſemens qui ont lieu dans
tel cas, ſeroient doubles, par exemple, de ceux que
ſubiſſent les lames dans tel autre cas. Ainſi la théorie

cours de cet Ouvrage. Tout confifte à réfoudre, dans chaque cas particulier, ce problême général : *Etant donné un cryftal, déterminer la forme précife de fes molécules conftituantes, leur arrangement refpectif, & les loix que fuivent les variations des lames dont il eft compofé.*

Les données à l'aide defquelles j'ai déterminé, foit la figure des molécules conftituantes, foit la mefure des angles des cryftaux, dépendent affez fouvent d'une obfervation faite fur l'égalité fenfible des inclinaifons refpectives de certaines faces du cryftal, ou fur celle de certains angles plans ; égalité que je fuppofe parfaite, d'après un principe dont je parlerai dans un moment. De

---

que je propofe eft indépendante à cet égard de l'hypothèfe dans laquelle les décroiffemens les plus ordinaires fe font par une ou par deux rangées de molécules, quoique cette hypothèfe me paroiffe très-probable, tant à caufe de fa grande fimplicité, que parce qu'elle eft la feule qui s'accorde avec la ftructure des cryftaux fecondaires, comme je l'ai prouvé ci-deffus.

même , lorfqu'un des angles faillans ou
des angles plans d'un cryftal eft fenfiblement droit , je le fuppofe tel en
toute rigueur. Je préfume que les per-
fonnes qui fe font exercées fur les ma-
tières phyfiques , trouveront ces fuppofitions extrêmement plaufibles. Il paroît
en effet qu'il y a certains points fixes
& certaines limites déterminées aux-
quels la Nature s'arrête dans le cours
de fes opérations & de fes mouvemens :
telle eft la direction fuivant la perpendiculaire ; telles font les égalités entre
certaines quantités du même ordre : en
forte que , quand nous ne pouvons appercevoir aucune différence entre les
réfultats de l'obfervation & les termes
abfolus dont il s'agit , on en conclut ,
avec toute la vraifemblance poffible, que
ceux-ci exiftent réellement tels qu'ils
nous paroiffent (1).

---

(1) On a remarqué , par exemple , que la rotation
de la lune autour de fon centre avoit fenfiblement la

Après tout, quand même les fuppo-
fitiõns dont je viens de parler ne feroient pas abfolument exactes en elles-
mêmes, tous les réfultats qui s'en déduifent doivent être du moins regardés
comme des approximations fi voifines
des véritables réfultats, qu'il ne s'enfuit
aucune erreur appréciable pour nos
fens. Au défaut des données dont il
s'agit, j'ai été quelquefois obligé de
mefurer un ou deux angles des cryftaux,
& j'ai déduit de ces mefures la valeur
des autres angles (1).

---

même durée que fa révolution périodique, fans que
jamais on ait pu découvrir entre ces deux durées la
moindre différence appréciable. D'après cette obfervation,
les Aftronomes fe croient fondés à admettre une égalité
parfaite entre l'une & l'autre.

(1) Cette dépendance réciproque des différens angles
d'un cryftal, fuffiroit feule pour prouver que l'ufage de
la Géométrie n'eft pas auffi inutile qu'on pourroit le
croire dans l'étude des cryftaux. En évaluant l'un après
l'autre par des moyens mécaniques tous les angles
plans & folides d'un cryftal, on fe met infailliblement
dans le cas d'affigner des mefures incompatibles entr'elles,

Dans tous les cas où l'obfervation m'a fourni des données fufceptibles d'une certaine précifion, j'ai pouffé l'évaluation des angles jufqu'aux fecondes de degré ; dans les autres cas, je me fuis borné aux minutes. Pour vérifier fur le cryftal même les angles trouvés à l'aide du calcul, je me fuis fervi d'un inftrument que j'ai fait conftruire exprès avec tout le foin poffible ; & il m'a paru, ainfi que je l'ai déjà

& contradictoires aux principes de la Géométrie. Pour le peu que l'on foit verfé dans cette Science, on fait que la valeur des différens angles d'un cryftal fuit auffi néceffairement de celle d'un ou deux premiers angles, que la valeur du troifième angle d'un triangle fuit de celle des deux autres. D'ailleurs, en employant le calcul, on a la liberté de choifir pour angles fondamentaux ceux qui font le mieux exprimés fur les cryftaux, dont il n'arrive que trop fouvent que certaines parties font fujettes à des déviations capables de mettre l'inftrument en défaut. On peut auffi partir fucceffivement de deux ou trois angles bien prononcés, pour comparer enfuite les différens réfultats que l'on a obtenus, & parvenir à une plus grande précifion, en rectifiant un réfultat par l'autre.

dit, que les angles dont il s'agit étoient conſtamment les mêmes que j'avois déterminés par la Trigonométrie. Les différences, s'il s'en trouvoit, étoient trop légères pour être attribuées à d'autres loix de décroiſſement, & ne pouvoient être l'effet que de quelques petites déviations occaſionnées par des circonſtances particulières ; car il me ſemble que dans ce cas, comme dans une multitude d'autres, on doit regarder les réſultats que donne le calcul comme les limites dont la marche de la Nature s'approche d'autant plus, qu'elle eſt moins gênée par l'action des cauſes étrangères, ſans leſquelles elle atteindroit toujours ces mêmes limites, & nous offriroit autant de préciſion dans ſes effets, qu'il y en a dans nos calculs.

La théorie que je viens d'expoſer fournit un moyen facile pour ſuivre tous les paſſages d'une forme à une autre, & pour expliquer les facettes qui remplacent, dans certains cryſtaux, les angles ſolides ou les arêtes, & que j'appellerai, avec M. Daubenton, *façettes ſurnuméraires*. Par exemple, ſi des lames qui décroiſſoient ſimplement par leurs bords dans un cryſtal, viennent à décroître en même temps par quelques uns de leurs angles dans un autre cryſtal, celui - ci aura quelques faces de plus que le premier ; & ces faces ſeront tantôt verticales, tantôt plus ou moins inclinées, ſelon que les décroiſſemens ſe feront faits ſuivant une loi dont l'action aura été plus lente ou plus rapide. Mais ces inclinaiſons ne peuvent ſe faire que ſous un petit nombre de degrés différens, qui dépendent de la hauteur des molécules, & des loix qui agiſſent dans la Cryſtalliſation : en ſorte que le nombre des variétés d'un même cryſtal eſt néceſſairement limité. Lors donc que l'on dit que tel cryſtal n'eſt autre choſe qu'un premier cryſtal incomplet dans ſes arêtes ou dans fes angles folides, on énonce un fait dont la loi des décroiffemens fournit l'explication. Il y a auffi des cryftaux qui ne diffèrent, par rapport à d'autres cryftaux, qu'en ce qu'ils font plus alongés dans un certain fens; ou en ce qu'au lieu d'être fimplement compofés de deux pyramides appliquées bafe à bafe, ils ont un prifme interpofé entre les deux pyramides, ce qui eft encore une forte d'alongement. Toutes ces efpèces de transformations fe déduifent des principes établis ci-deffus.

Mais il faut bien obferver que, même en s'en tenant au fimple énoncé des faits, on ne peut établir aucune méthode avantageufe pour expofer la gradation des formes dont un même cryftal eft fufceptible, fans partir de la véritable forme primitive du genre, c'eft-à-dire, comme je crois l'avoir prouvé, de celle que donnent les fections faites dans les cryftaux, & les

autres indices de ſtructure combinés
avec les loix auxquelles eſt aſſujetti le
mécaniſme de cette ſtructure. Toute
marche qui n'eſt point dirigée vers ce
but, eſt eſſentiellement défectueuſe ;
parce qu'elle eſt contraire à la marche
de la Nature ; ou que ſi elle s'y rap‑
porte quelquefois, ce n'eſt, pour ainſi
dire, que par accident, & non par une
ſuite des principes de la méthode, qui
ne peut être en elle ‑même qu'arbi‑
traire.

De même, lorſqu'on indique le paſ‑
ſage d'une forme à une autre par le
retranchement de certaines parties, ou
par l'alongement d'un cryſtal dans tel
ſens, il arrivera que ces indications
ſeront juſtes toutes les fois que la choſe
ſautera aux yeux, ſi j'oſe m'exprimer
ainſi, ou qu'il ſera impoſſible de ſe
tromper ſur la correſpondance des
angles. Mais ſi une nouvelle loi de
décroiſſement détermine dans une va‑
riété de cryſtal de nouveaux an‑
gles,

gles (1), qui fe rapprochent fenfiblement, par leur valeur, de ceux de la
forme primitive que l'on a adoptée :
alors, en eftimant le fens dans lequel
cette forme aura varié, d'après des
moyens mécaniques qui ne peuvent
jamais donner avec précifion la valeur
des angles, fur - tout. lorfqu'on opère
fur de petits objets, on s'expofera à
prendre le paffage d'une forme à une
autre à contre-fens de la ftructure ; on
confondra les angles fecondaires avec
les angles primitifs, dont ils différeront
réellement, quoique d'une petite quantité, telle qu'un ou deux degrés ; ou bien
l'on affignera des valeurs différentes au
même angle que l'on aura mefuré fur
un fecond cryftal fans le reconnoître.
Dans toutes les indications de ce genre,
il faut abfolument prendre la ftructure

---

(1) On peut voir à l'article des fpaths pefans
(n°. 41 & fuiv.), plufieurs exemples de ces valeurs
rapprochées dans des angles qui tiennent cependant à
des circonftances très-différentes les unes des autres.

C

pour guide, fi l'on veut éviter les méprifes dans lefquelles peut entraîner la confidération ifolée des formes extérieures.

Il réfulte de ce que je viens de dire, que toutes les formes fecondaires font autant de variétés de la forme primitive, lefquelles peuvent être confidérées comme produites par excès ou par défaut. Par exemple, la forme rhomboïdale du fpath d'Iflande eft la forme primitive du genre des fpaths calcaires. Prenons d'une autre part le fpath calcaire à douze plans pentagones : ce dernier cryftal peut être conçu comme formé par un noyau de fpath d'Iflande, avec un furcroît de matière qui l'enveloppe, & le change en dodécaèdre ; &, fous ce point de vue, le dodécaèdre fera une variété par excès du fpath d'Iflande. Mais fi l'on fait attention, d'un autre côté, que les lames furajoutées au fpath d'Iflande font reftées incomplettes, foit par leurs bords, foit par leurs angles dans le passage de la forme rhomboïdale à celle du dodécaèdre ; ou, ce qui revient au même, si l'on suppose que toutes les lames qui composent la matière environnante du noyau deviennent tout-à-coup complettes, en reprenant les parties qui leur manquent : alors le dodécaèdre deviendra un crystal rhomboïdal semblable au noyau, excepté que son volume sera plus considérable ; & ce même dodécaèdre, envisagé sous cet aspect, sera une variété par défaut du spath d'Islande.

J'ai dit qu'on voyoit assez souvent des crystaux de différentes natures se présenter sous des formes semblables. La difficulté qui résulte de cette ressemblance se trouve en partie levée par les observations que j'ai faites sur la structure des crystaux. J'ai trouvé que ceux qui avoient la même forme étoient aussi composés assez ordinairement de molécules, qui différoient entr'elles pour la figure, mais qui, par leurs diverfes combinaifons, produifoient des polyèdres tèrminés de la même manière. C'eft ainfi que le fel marin cubique & le fpath phofphorique de la même forme, ont pour molécules, le premier des cubes „ & le fecond des octaèdres.

Il eft cependant très-probable qu'il y a dés cryftaux de nature différente, foit qu'ils aient ou non la même forme, qui font des affemblages de molécules conftituantes femblables entr'elles ; car celles-ci étant elles - mêmes des compofés de molécules élémentaires, il fe peut que différens principes, combinés de diverfes manières, produifent des molécules conftituantes de même forme ; comme on voit des molécules conftituantes, différentes par leur figure, compofer des polyèdres qui fe reffemblent par l'extérieur. Ainfi, quoique l'on puiffe affurer, ce me femble, que des cryftaux, femblables entr'eux quant à leur forme, font toujours de différentes natures, lorfque les molécules conftituantes dont ils font l'affemblage ont des formes différentes, on n'a pas droit d'admettre la propofition inverfe; favoir, que quand les molécules font femblables par leur figure, la nature des cryftaux eft auffi la même. L'étude des cryftaux ne peut donc fervir, comme je l'ai déjà remarqué, qu'à lever une partie de la difficulté dont il s'agit. Pour en avoir l'entière folution, il faudroit être en état de déterminer la figure des molécules élémentaires; réfultat dont nous fommes encore bien éloignés, malgré les progrès fenfibles qu'a faits la Chymie dans ces derniers temps.

Quelque fimples & vraifemblables que m'euffent paru, dès le commencement, les différentes vues que je viens d'expofer, j'étois bien déterminé à ne pas m'en rapporter à mon propre jugement. J'ai trouvé, fi j'ofe ainfi parler, une récompenfe bien précieufe de cette

réfolution dans les encouragemens que
j'ai reçus de M. Daubenton, qui, par
l'intérêt qu'il a pris à mon travail, &
par le confeil qu'il m'a donné de le
préfenter à l'Académie, a mis le com-
ble aux obligations que je lui avois
déjà pour avoir guidé mes premiers pas
dans l'étude de l'Hiftoire Naturelle :
heureux fi j'avois pu puifer en même
temps, dans fes leçons, cette juftelfe
de coup-d'œil; cette manière exacte &
précife d'étudier, de fuivre, d'appro-
fondir un objet, qui en fait connoître
tous les points de vue, & n'en laifle
appercevoir aucune partie qui ne foit
bien éclairée ! L'application que j'ai
effayé de faire de la Géométrie à l'Hiftoire Naturelle, m'avoit mérité encore
l'accueil & les bontés de M. Bezout;
& perfonne n'a plus de motifs que moi
de partager les regrets de l'Académie,
qui pleure, dans ce Savant aimable &
vertueux, un de fes Membres les plus
illuftres. M. de la Place, diftingué éga-

lement, & par fes profondes recherches
fur plufieurs branches de calcul, &
par la variété de fes connoiffances, a
bien voulu permettre auffi que je lui
fiffe l'expofition de ma théorie, & m'ex-
citer à de nouvelles recherches, dont
le fruit a été la découverte des loix
auxquelles eft foumife la ftructure des
cryftaux. J'avoue qu'il eft doublement
flatteur pour moi de pouvoir ici en
même temps acquitter ma reconnoif-
fance, & citer en ma faveur des noms
auffi propres à infpirer la confiance.

Dans le temps où je commençois à
me livrer à l'étude de la ftructure des
cryftaux, j'ai eu occafion de lire un
Mémoire de M. Bergmann fur la Cryftallifation, qui fe trouve parmi ceux
de l'Académie d'Upfal, pour l'année
1779. Le but de cet illuftre Chymifte
eft de rapporter la formation de différens cryftaux à la figure du fpath d'Iflande, c'eft-à-dire, d'un cryftal rhomboïdal, dans lequel l'angle obtus de

chaque face eſt de $101°\frac{1}{2}$. Cette forme eſt comme la baſe ſur laquelle travaille M. Bergmann, pour expliquer la formation de pluſieurs ſpaths calcaires, de l'hyacinthe, du grenat dodécaèdre, de quelques ſchorls, & de la marcaſſite à douze plans pentagones. Il conçoit que ces différens cryſtaux ſont formés par des plans tantôt conſtans & tantôt décroiſſans, qui s'accumulent ſur les faces du rhomboïde central.

J'ai été frappé ſur-tout de l'explication qu'il donne du ſpath calcaire à douze faces, qui ſont des triangles ſcalènes (1) : on la trouvera expoſée dans cet Ouvrage à l'article de ce cryſtal, N°. 33. Cette explication eſt très-bien vue, entièrement conforme à la Nature ; & M. Bergmann l'a vérifiée lui-même par les fractures faites dans le cryſtal, comme je le dirai au même endroit :

____

(1) C'eſt celui qu'on appelle vulgairement *dent de cochon.*

& s'il eût également fuivi pour les autres cryſtaux l'indication de la Nature; s'il ne fe fût point livré à des conceptions purement hypothétiques, qui ne s'accordent point avec l'obfervation, ainſi qu'on en pourra juger par la difcuſſion où je fuis entré (N°. 26), au fujet de l'explication qu'il donne du fpath à douze plans pentagones, il eût ajouté l'honneur d'avoir obtenu un plein fuccès, à celui d'avoir publié le premier des vues fatisfaifantes fur la ſtructure des cryſtaux (1).

Je dirai maintenant un mot du plan que je me fuis tracé dans cet Ouvrage. J'ai développé, avec le plus de clarté qu'il m'a été poſſible, dans les deux premiers articles, les principes fur lef-

____

(1) M. Bergmann a publié depuis, dans fes Opufcules chymiques, Tom. II, pag. 1re & fuiv., ce même Mémoire qu'il a fort étendu, & auquel il a ajouté de nouvelles vues fur la formation des premières molécules des cryſtaux, mais qui n'ont aucun rapport avec la manière dont j'ai envifagé la Cryſtallifation.

quels eſt fondée la théorie de la ſtructure des cryſtaux. Obligé de citer des
exemples, je les ai choiſis parmi les
cryſtaux dont la forme m'a paru la plus
ſimple. Les articles ſuivans renferment
des applications de cette même théorie,
faites principalement à ſix genres de
ſubſtances cryſtalliſées; ſavoir, les ſpaths
calcaires, les ſpaths peſans, les ſpaths
fluors phoſphoriques, les gypſes, les
grenats, & les topazes de Saxe & du
Bréſil.

Je commence chaque article par déterminer la forme primitive du genre (1),
& en même temps celle des molécules

---

(1) J'ai pris le terme de *forme primitive* dans un
ſens moins ſtrict que je n'aurois pu le faire, en enten-
dant par cette forme celle des molécules conſtituantes.
La forme primitive, telle que je l'ai conſidérée dans
cet Ouvrage, eſt celle qui ne peut plus être diviſée
que par des ſections parallèles à ſes différentes faces,
& dont les lames, lorſqu'on les ſous-diviſe, donnent
toutes parties ſemblables entr'elles & aux molécules
conſtituantes, ſans aucun reſte. Cette manière de voir
m'a paru plus conforme à la marche de la Nature.

qui compofent les cryftaux de ce genre : de-là je paffe aux formes fecondaires, qui m'ont paru les plus remarquables. J'indique d'abord le développement du cryftal, qui en eft comme la définition. J'explique enfuite fa ftructure, & je détermine les loix des décroiffemens que fubiffent les lames dont il eft formé. Je déduis enfin de ces loix, la mefure des angles plans. Dans les calculs que j'ai été obligé de faire pour évaluer ces angles, j'ai tâché de réfoudre le moins de triangles qu'il m'a été poffible. On fait que les valeurs des logarithmes des finus, co - finus, tangentes, &c., ainfi que de ceux des nombres naturels, n'ont pu être trouvées que par approximation ; en forte que les réfultats aux-quels on parvient, après avoir réfolu une fuite de triangles, font néceffaire-

---

qui nous offre plus fouvent les cryftaux fous une forme telle que je viens de la définir, que fous celle qui re-préfenteroit rigoureufement la molécule conftituante du genre.

ment affectés de quelques légères erreurs. J'ai donc préféré, dans tous les cas qui m'en ont paru fufceptibles, l'ufage des équations „ dont les termes repréfentent toujours d'une manière rigoureufe le rapport des lignes qui fervent de données pour parvenir à la folution du problême. Outre l'avantage d'une plus grande précifion dans les réfultats, cette marche m'en a procuré un autre, je veux dire celui de découvrir, dans les cryftaux, quelques propriétés géométriques, qui, à la vérité, n'ont rien de démonftratif par rapport à la théorie que j'ai établie, mais qui m'ont paru affez curieufes pour n'être pas négligées. On en verra des exemples dans les fpaths calcaires.

L'article qui termine cet Ouvrage renferme quelques vues fur la formation même des cryftaux, & fur la manière dont je préfume que leur accroiffement fe combine avec leur ftructure.

La nouveauté d'une théorie que je

regarde comme très-fufceptible d'être
perfectionnée, & l'efpace qui me refte
encore à parcourir pour arriver au terme
de mon travail, ne me permettent d'offrir
cet Ouvrage au Public que comme un fimple ESSAI. Je me ferai un devoir de profiter
de toutes les remarques qui me feront
communiquées, & qui tendront à donner
plus de précifion à mes réfultats, ou à
rectifier ce qui ne fe trouveroit pas exactement conforme à la Nature, dans les
explications que j'ai données de la ftructure des cryftaux. Je me propofe de
traiter, d'après les mêmes principes, le
plus grand nombre de fubftances cryftallifées qu'il me fera poffible. Je préfume,
par les tentatives que j'ai déjà faites,
qu'il s'en trouvera plufieurs qui offriront
des indices trop légers de ftructure,
pour que l'on puiffe rien prononcer à
cet égard d'une manière certaine. En
expofant alors mes idées, je ne les donnerai que pour de fimples apperçus,
qui auront befoin d'être vérifiés par des

obfervations ultérieures, & qui, à ce
défaut, pourront du moins devenir, entre des mains plus habiles, une matière
de recherches plus profondes & plus
heureufes. Puiffé-je trouver, dans l'accueil des vrais Savans, de nouveaux
encouragemens pour étendre mes vues,
multiplier les applications que l'on en
peut faire, & contribuer, autant qu'il
dépendra de moi, aux progrès d'une
Science, qui, récente encore, mais
cultivée de toutes parts & fous différens afpects par des Obfervateurs d'un
mérite très - diftingué, fera fans doute
une époque intéreffante parmi les divers
genres de connoiffances dont notre fiècle
a enrichi le domaine de l'efprit humain !

ESSAI
D'UNE THÉORIE
SUR LA STRUCTURE
DES CRYSTAUX,

Appliquée à plusieurs genres de subſtances cryſtaliſées.

ARTICLE PREMIER.

De la ſtructure des Cryſtaux en général, & de l'exiſtence de la forme primitive renfermée dans chacun d'eux.

1. Pour peu que l'on obſerve la Nature avec des yeux attentifs & avec un eſprit libre de préjugés, on ſe convaincra facilement que

les minéraux font totalement dénués de l'efpèce d'organifation que quelques Auteurs leur
ont attribuée. Cette qualité fuppofe des vaif-
feaux deftinés à recevoir les fluides qui ten-
dent à s'y introduire, & un mouvement interne capable de favorifer le cours de ces
fluides, & de contribuer au développement &
à la confervation de l'individu. Un examen
réfléchi des minéraux décèle au contraire un
défaut abfolu de jeu & de foupleffe dans leurs
parties internes, une fimple ftructure fans
organes & fans fonctions, en un mot, un
affemblage purement fymétrique de molécules
réunies fucceffivement les unes aux autres par
une force attractive, dont la nature & la manière
d'agir font encore peu connues, mais dont
l'exiftence eft atteftée par un trop grand nombre de faits pour qu'on puiffe la révoquer en
doute.

2. Tout minéral qui fe préfente fous une
forme régulière, & dont les faces peuvent
être repréfentées par des figures géométriques,
porte le nom de *cryftal*. Il y a deux chofes à
confidérer dans la ftructure d'un cryftal : 1°. la
figure de fes molécules conftituantes ; 2°. l'arrangement qu'elles gardent entr'elles, & d'où
dépend la figure même du cryftal. J'entends
par *molécules conftituantes* celles qui, fufpendues

d'abord

d'abord dans le fluide où elles étoient en dissolution, se sont attirées mutuellement, & réunies pour former, par leur aggrégation, des polyèdres de figure régulière. Tout ce qui s'étend jusqu'à cette limite inclusivement, est du ressort de l'Histoire Naturelle. Le Chymiste, qui commence où finit le Naturaliste, décompose les cryftaux jusques dans leurs molécules constituantes, pour y retrouver les premiers principes ou les élémens des corps.

3. Parmi les différentes formes sous lesquelles une même substance cryftallisée peut se présenter, il y en a une que l'on doit regarder comme la forme primitive, dont toutes les autres ne sont que des modifications, quelque peu de rapport qu'elles semblent souvent avoir, au premier coup-d'œil, avec cette même forme à laquelle elles tiennent par une origine commune. Cette forme, indiquée par la Nature même, ainsi qu'on le verra bientôt, & non pas prife arbitrairement & comme au hasard, est dans le sel marin celle d'un cube parfait, dans le spath fluor phosphorique celle d'un octaèdre, dans d'autres genres de cryftaux celle d'un solide rhomboïdal (1), dont les angles

____

(1) J'appellerai, dans le cours de cet Ouvrage, *solide rhomboïdal*, ou simplement *rhomboïde*, un paralléli-

D

font plus ou moins ouverts, felon les différentes natures des fubftances cryftallifées. La
forme primitive paroît être le réfultat de la
cryftallifation la plus parfaite dont un minéral
foit fufceptible ; mais ce n'eft pas toujours
celle qui fe rencontre le plus ordinairement.
Le cube eft beaucoup plus commun dans le
genre des fpaths phofphoriques que l'octaèdre,
qui eft cependant la forme primitive de ce
genre de cryftaux. Toutes les formes qui diffèrent de la forme primitive, porteront, dans
cet Ouvrage , le nom de *formes fecondaires*.

4. On trouve un certain nombre de cryftaux
qui font affez tendres pour être divifés par le
moyen d'un inftrument tranchant. Avec un
peu de tâtonnement & d'habitude , on parvient à faifir les joints des lames dont ces
cryftaux font compofés , à détacher ces lames
les unes des autres, à fous-divifer enfuite chacune d'elles en parties régulières, & dont les
furfaces ont ce reflet brillant auquel on re-

---

pipède obliquangle., dont les fix faces font des rhombes
tous égaux & femblables entr'eux. La dénomination de
rhomboïde, à laquelle les Géomètres ont attaché une
idée différente, m'a paru la plus fimple que je puffe
employer ; elle eft fondée d'ailleurs fur l'analogie avec
les expreffions de *fphéroïde* , d'*ellipfoïde* , &c., qui
défignent des folides , & non de fimples furfaces.

connoît le poli de la Nature (1). Cette efpèce de diffection des cryftaux offre des indices d'autant plus certains de leur ftructure, qu'on ne peut divifer que dans un fens déterminé, pour obtenir des portions de cryftal à furfaces planes & brillantes, toutes les fections que l'on tenteroit de faire dans d'autres fens ne produifant que des fragmens d'une forme irrégulière, parce qu'alors on brife au lieu de divifer.

5. J'ai obfervé que tous les cryftaux qui fe prêtoient à ces fections renfermoient un noyau de forme primitive, quelle que fût d'ailleurs

---

(1) Il y a peu de pierres ou de fels cryftallifés, qui n'offrent des coupes nettes dans des fens parallèles au moins à deux faces oppofées de la forme primitive, & fur lefquels on ne puiffe faire une opération femblable à celle que font les Lapidaires en clivant une pierre précieufe. J'ai même trouvé un certain nombre de fubftances métalliques, qui fe prêtoient à cette opération. Ces coupes une fois déterminées, la pofition des autres faces fe conclut beaucoup plus aifément des autres indices de ftructure que l'on obferve fur les cryftaux. Cette différence de cohéfion par rapport aux diverfes faces des molécules voifines dans certains cryftaux, me paroît dépendre en grande partie de l'étendue même de ces faces, & du nombre des points de contact, qui font plus multipliés fur les faces dont l'adhérence eft plus forte.

celle du cryſtal ſur lequel on opéroit ; en ſorte qu'en enlevant par des coupes ſucceſſives & parallèles toute la matière appliquée ſur ce noyau , on pouvoit aiſément le mettre à découvert. L'analogie & des indices extérieurs de ſtructure, dont je parlerai dans la ſuite , m'ont ſervi à étendre cette obſervation aux cryſtaux que leur trop grande dureté ne permet pas de diviſer : en ſorte qu'il n'y a , ce me ſemble, aucun lieu de douter que ce ne ſoit un fait général pour tous les genres de ſubſtances cryſtalliſées. Pour éclaircir ce que je viens de dire par un exemple, je choiſis de préférence le ſpath fluor phoſphorique cubique, à cauſe de la ſimplicité de ſa forme.

Soit BDENML (*Pl.* I. *fig.* 1.) , un de ces cryſtaux cubiques. Si l'on eſſaye de le diviſer par des ſections parallèles à ſes faces, on éprouvera une réſiſtance conſidérable ; & ſi l'on parvient à vaincre cette réſiſtance par des efforts réitérés , on n'obtiendra que des fragmens irréguliers : mais ſi l'on dirige le plan coupant ſuivant une ligne *gf* parallèle à la diagonale BE de l'une quelconque des ſix faces, & que de plus on donne au même plan coupant, par rapport à cette face, une inclinaiſon qui doit être à-peu-près de 54° &

demi (1), on enlevera fans peine la pyramide ou l'angle folide I g h f, dont la bafe fera un triangle équilatéral g f h. A quelqu'endroit que l'on tente d'entamer le cryftal, on trouvera par-tout la divifion également facile, pourvu que le plan coupant foit toujours dirigé dans le fens que j'ai indiqué; d'où il fuit qu'en faifant des fections parallèles, & prifes à de petites diftances dans la pyramide I g h f, on enlevera des lames triangulaires équilatérales, qui iront en croiffant uniformément vers le centre du cryftal.

Suppofons la divifion continuée fucceffivement fur les huit angles folides du cryftal, & toujours dans des parties correfpondantes, & fituées à des diftances égales du centre. Lorfque l'on fera arrivé au milieu des côtés du cryftal, les fections voifines fe toucheront ; &, paffé ce terme, elles s'entrecouperont mutuellement : de manière que les triangles équilatéraux refteront incomplets dans leurs fommets, & fe changeront en exagones, tels que a b c d f e (fig. 2). Dans les fections ultérieures, les petits côtés a b, o d, f e de ces exagones

____

(1) La véritable mefûre de cet angle eft de 54° 44', comme il eft facile de s'en convaincre par le calcul, d'après la difpofition du noyau.

s'accroîtront par degrés ; & il y aura un point où l'exagone deviendra régulier comme *hopsri.* Si l'on continue les sections au-delà de ce point, les côtés *op*, *sr*, *ih* de l'exagone deviendront, à leur tour, les grands côtés, & iront toujours en augmentant ; en forte qu'enfin la figure paffera au triangle équilatéral *gnm*; &, à ce terme, le noyau du cube fera découvert, & fe préfentera fous la forme d'un octaèdre à faces triangulaires équilatérales. On peut encore faire dans ce noyau des fections parallèles à fes différentes faces ; chacune même des lames compofantes du cryftal dont il s'agit (& il en faut dire autant de tous les autres cryftaux) peut auffi être fous-divifée par des coupes parallèles aux faces du noyau. Mais comme la ftructure du fpath phofphorique préfente une difficulté à réfoudre, par rapport aux parties dont il fe trouve compofé en dernier réfultat, lorfqu'on pouffe la divifion mécanique auffi loin qu'elle puiffe aller, je me borne, pour le moment, à la confidération du noyau octaèdre que l'on en retire par les fections défignées. Au fond, la forme du noyau exifte par-tout dans le cryftal, puifqu'il n'y a aucun endroit où l'on ne puiffe faire des fections parallèles aux faces d'un octaèdre. Mais la manière d'opérer que j'ai indiquée, me paroît jetter, plus de jour fur la ftruĉture des cryftaux, en faifant envifager la forme primitive comme une partie fondamentale commune à tous les cryftaux d'un même genre, dont elle occupe le milieu, & autour de laquelle tout le refte de la matière cryftalline fe trouve combiné de diverfes manières, felon les différentes variétés du cryftal.

6. Je ne prétends pas qu'un cube de fpath phofphorique ait commencé par un octaèdre d'un volume proportionné au fien, & qui auroit paffé enfuite à la forme du cube par une addition de lames, les unes exagones, les autres triangulaires. Les plus petits cryftaux que l'on puiffe appercevoir, à l'aide du microfcope, fur une gangue de fpath fluor, ont déjà la forme cubique, & fe feroient fans doute accrus par des fuperpofitions de couches fucceffives à furfaces quarrées, fi les circonftances euffent été favorables à cet accroiffement. La diftinction de ces couches fe manifefte dans plufieurs cryftaux par la diverfité de leurs teintes ou de leurs degrés de tranfparence. Je crois donc que l'opération de la Nature eft déterminée, dès le premier inftant, en vertu des loix de la Cryftallifation, à produire des cryftaux cubiques imperceptibles, dont chacun renferme déjà, comme noyau, un petit

D 4

octaèdre, lequel s'accroît en même temps que le cryſtal entier, avec lequel il conſerve toujours le même rapport en ſolidité & en ſurface. Ainſi, quand je parlerai des lames appliquées ſur le noyau d'un cryſtal, je ne conſidérerai la choſe que du côté de la ſtructure de ce cryſtal, ſans aucun égard à ſa formation. Les vues ſur leſquelles eſt fondée cette diſtinction, ſeront développées davantage par la ſuite, ainſi que la manière dont il me paroît que l'accroiſſement des cryſtaux ſe combine avec leur ſtructure.

ARTICLE II.

Des loix de décroiſſement auxquelles ſont aſſujetties les lames compoſantes des cryſtaux, conſidérées dans le paſſage de la forme primitive aux formes ſecondaires.

7. L'EXISTENCE de la forme primitive, dans chacun des cryſtaux ſecondaires, peut déjà nous aider à entrevoir la vérité d'un fait qui a été avancé par pluſieurs Auteurs, mais ſans qu'on en ait apporté aucune preuve claire & ſenſible: c'eſt que toutes les variétés d'un même cryſtal ſont originaires d'une forme unique, qui ſe modifie de différentes manières, ſelon

les divers changemens que des circonſtances particulières apportent dans la loi primitive de la Cryſtallifation. Je vais eſſayer de mettre le fait dont il s'agit dans tout ſon jour, en conſidérant la ſtructure des parties ſurajoutées au noyau dans les cryſtaux de forme fecondaire. Cet examen tend à éclaircir un des points les plus importans de la théorie des cryſtaux, puiſqu'il nous conduit à établir, par rapport à leurs lames compoſantes, des loix de décroiſſement, d'après leſquelles on peut déterminer d'une manière préciſe la figure de leurs molécules conſtituantes, & calculer, auſſi rigoureuſement qu'un objet de cette nature puiſſe le permettre, la valeur des angles plans ou ſolides de toutes les formes tant primitives que ſecondaires.

8. Propoſons-nous d'abord un exemple tiré d'une cryſtallifation très-ſimple. Concevons un cube qui ne puiſſe être diviſé nettement que par des ſections parallèles à ſes faces; ſuppoſons de plus ſix pyramides droites quadrangulaires, toutes de même hauteur, dont les baſes quarrées, égales aux faces du cube, repoſent ſur ces mêmes faces : le ſolide alors ſe trouvera changé en un autre qui aura vingtquatre faces triangulaires, compoſées de la ſomme des rebords de toutes les lames décroiſ

fantes, dont les pyramides font cenfées être l'affemblage. L'axe de ces pyramides pourra varier en hauteur, felon que les décroiffemens fuivront une loi plus ou moins rapide; & fi l'on imagine que cette loi foit telle qu'il eft néceffaire pour que les faces adjacentes des pyramides voifines fe trouvent deux à deux fur le même plan, le nombre des faces fera réduit à moitié, & l'on aura un folide dodé-caèdre (*Pl. I, fig. 3*) à plans rhombes tous femblables & égaux entr'eux, avec un noyau de forme cubique. Je déterminerai plus bas la loi de décroiffement qui a lieu dans le cas du niveau des faces adjacentes dont je viens de parler.

En fuppofant le dodécaèdre divifible, il feroit facile de détacher fucceffivement toutes les lames décroiffantes appliquées fur le noyau; & comme ces lames ne peuvent être fous-divifées que par des fections parallèles aux faces de ce même noyau (5), ces fections faites à des diftances convenables, partage-ront chacune des lames compofantes en un certain nombre de cubes parfaits, excepté que, fur les côtés de ces lames, il ne fem-blera y avoir que des portions de cubes, à caufe de l'inclinaifon des rebords qui compo-fent les faces des pyramides. Ce défaut apparent d'uniformité dans la ſtructure du cryſtal, fait naître une difficulté dont je donnerai bientôt la ſolution.

Nous avons des cryſtaux de la forme que je viens de décrire, qui ſont trop durs pour être diviſés, mais dont la ſtructure s'annonce par des ſtries ou cannelures parallèles aux baſes *a d*, *d o*, *o e*, *a e*, &c., des pyramides ſurajoutées au noyàu. La nature de ces cryſ-taux n'eſt pas encore bien déterminée (1). Le grenat dodécaèdre a cette même forme, mais avec une ſtructure toute différente; & ce ne ſera pas la ſeule fois que nous verrons des cryſtaux entièrement ſemblables à l'extérieur, formés par des molécules qui diffèrent ſenſible-ment entr'elles, ſoit pour leur figure, ſoit pour leur arrangement.

---

(1) Je préſume que ces cryſtaux ſont de la même nature que l'hyacinthe de couleur brune, qui ſe trouve parmi les produits du Véſuve; car cette dernière s'ex-plique très-naturellement par une ſuperpoſition de lames quarrées appliquées ſur deux faces oppoſées d'un cube ou d'un parallélipipède rectangle, & qui décroiſſent dans leurs angles par deux rangées de molécules. Les angles qui réſultent de ce décroiſſement ſont parfaite-ment égaux à ceux que donne l'obſervation. Mais ce n'eſt ici qu'une conjecture, qui a beſoin d'être appuyée par de nouveaux faits.

9. Les lames appliquées fur le noyau peuvent décroître, non-feulement vers leurs bords, mais aussi vers leurs angles ; ce qui jette une grande variété dans les formes des cryftaux fecondaires. Eclairciffons ceci par un nouvel exemple tiré du fel marin octaèdre. On connoît maintenant des cryftaux factices de cette figure, que M. Rouelle a obtenue le premier, en faifant cryftallifer le fel dont il s'agit (1).

Soit donc *a b c d s* (*fig.* 4) un octaèdre de fel marin : on ne peut divifer cet octaèdre qu'en faifant des fections *o r g t* parallèles aux bafes communes des pyramides quadrangulaires dont l'octaèdre eft formé. Les lames que l'on détache d'abord en partant de la pointe des angles folides, ont des figures quarrées, qui vont en croiffant uniformément vers le centre du cryftal. Il eft de plus évident que les rebords de ces lames, en fuppofant que celles-ci aient une certaine épaiffeur, font inclinés par rapport à leurs grandes faces.

---

(1) Je ne prétends pas examiner fi la forme octaèdre de ce fel dépend ou non de quelque principe particulier, qui auroit influé fur fa cryftallifation ; il fuffit, pour mon objet, que ce fel fe divife en cubes auffi nets & auffi bien prononcés que ceux qu'on retire du fel marin ordinaire.

Si l'on fait des fections femblables fucceffivement fur les fix angles folides de l'octaèdre,
lorfqu'on aura paffé le milieu des arètes où
les plans coupans fe touchent, les fections
voifines anticipant les unes fur les autres,
feront difparoître les quatre angles des quarrés,
qui fe changeront en octogones, tels que
$m\,r\,t\,u\,f\,p\,\chi\,x$ (*fig.* 6). Dans les fections ultérieures, les côtés $m\,x$, $\chi\,p$, $f\,u$, $r\,t$, de ces octogones iront en décroiffant jufqu'à ce qu'enfin
l'octogone foit revenu à la figure quarrée; &,
à ce terme, le noyau cubique du cryftal paroîtra
à découvert.

Si l'on fous-divife les lames quarrées que
l'on avoit détachées d'abord, les lignes de
fection s'entrecouperont de manière à former
des quarrés entiers vers le milieu des lames,
& des triangles rectangles ifocèles fur les bords,
comme on le voit *fig.* 5. Les fections faites
pareillement dans les lames octogones, produiront un affortiment de quarrés & de triangles, difpofés comme le repréfente la *fig.* 6;
en forte que les lames quarrées que l'on pourra
détacher du noyau, feront les feules qui
aient leurs furfaces uniquement compofées de
petits quarrés. Pour avoir maintenant les décroiffemens des lames par les angles, il ne
faut que reprendre ces lames dans un ordre

contraire à celui que je viens d'indiquer pour la divifion du cryftal, c'eft-à-dire, en allant du noyau à la furface de l'octaèdre.

10. Les joints qui réfultent de cette divifion femblent annoncer, dans la ftructure du cryftal, un défaut d'uniformité encore plus marqué que celui qui paroît avoir lieu par rapport au cryftal dodécaèdre dont j'ai parlé précédemment; car, dans celui-ci, les furfaces des lames de fuperpofition font uniquement compofées de figures toutes femblables entr'elles; il n'y a que l'inclinaifon qu'on obferve dans les rebords de ces lames qui puiffe faire quelqu'embarras. Mais le cryftal octaèdre préfente encore, outre cette inclinaifon, un mélange de quarrés & de triangles ifocèles fur les grandes faces des lames, fans qu'il foit poffible de fous-divifer mécaniquement aucun des quarrés en deux triangles; ce qui fembleroit lever au moins en partie la difficulté.

11. Il n'y a peut-être point de cryftal fecondaire dont la ftructure ne foit fujette à l'une ou l'autre de ces efpèces d'irrégularités : dans plufieurs même, on les obferve toutes les deux à-la-fois; en forte que fi l'on s'en tient aux fimples apparences, il ne femble pas qu'il foit poffible de concilier les faits clairs &

fénfibles auxquels conduit l'obfervation, avec
cette unité que tout nous porte à admettre
dans la compofition des corps qui appartiennent à une même fubftance. L'analogie feule
qu'établit entre ces corps l'exiftence d'une
forme primitive commune renfermée dans
chacun d'eux, fait foupçonner entre les parties
mêmes qui enveloppent le noyau, un rapport
de figure plus parfait que celui qu'indique le
premier apperçu de la ftructure.

On ne peut pas dire que les vraies molécules conftituantes des cryftaux foient femblables aux portions qui paroiffent manquer
dans les petits cryftaux fitués fur le bord des
lames de fuperpofition ; en forte que chaque
cryftal feroit compofé ultérieurement de parties de la même figure que celles qui fe trouveroient fupprimées : car, comme il arrive
affez fouvent que, dans un même cryftal,
les lames décroiffent les unes par leurs bords,
& les autres par leurs angles, ainfi que je
l'ai dit plus haut, il eft aifé de voir que
les parties fouftraites d'une part, ne peuvent
reffembler à celles qui manqueroient de l'autre.
Or, je le répète, il eft contre toute vraifemblance d'admettre pour molécules conftituantes d'un minéral, des corps de plufieurs formes différentes.

12. L'hypothèse que j'ai adoptée pour résoudre la difficulté dont il s'agit, est, si je ne me trompe, beaucoup plus simple, plus naturelle, & se trouve d'ailleurs confirmée par l'observation & par le calcul. Elle consiste à admettre dans le décroissement des lames de superposition, des soustractions de molécules ou de crystaux parfaitement semblables à ceux dont le noyau est composé, c'est-à-dire, que chaque lame aura vers ses bords ou vers ses angles une ou deux rangées de molécules constituantes de moins que la lame placée immédiatement au-dessous ; car j'ai observé tantôt l'une & tantôt l'autre de ces loix de décroissement (1).

Supposons, par exemple, que dans le dodécaèdre à plans rhombes dont j'ai expliqué ci-dessus la structure, une des faces du noyau cubique soit représentée par le quarré A D C B (*fig.* 7), les deux grandes faces de la première lame de superposition par le quarré *c l m n*, celles de la seconde par *o p q s*, &c. Il est évident que les décroissemens se feront par des soustractions d'une simple rangée de mo-

---

(1) Il se trouve aussi des crystaux dans lesquels les lames décroissent par des soustractions de trois rangées de molécules: mais ce cas est rare.

léculas

lécules d'une figure exactement cubique; ce qui eſt, dans le cas préſent, la loi que ſubiſſent les lames du cryſtal, comme je le prouverai plus bas.

Si au contraire les ſurfaces citées étoient repréſentées ſucceſſivement par les quarrés A D C B, *opqs*, *uz*ᵟ*x*, &c., alors les dé-croiſſemens ſe feroient par des ſouſtractions d'une double rangée de molécules; & la loi de ces décroiſſemens ayant une action une fois plus rapide que dans le cas précédent, la hauteur des pyramides ſuperpoſées ſur le noyau ne ſeroit que la moitié de ce qu'elle eſt dans le dodécaèdre à plans rhombes. Dans l'un & l'autre cas, les faces du cryſtal ſecon-daire ne feront que la ſomme de toutes les arètes ſaillantes A D, *cl*, *op*, &c, qui, étant preſqu'infiniment rapprochées, à cauſe de l'extrême petiteſſe des molécules conſtituantes, s'offriront ſous l'aſpect d'un plan continu. Mais, dans la réalité, ces faces ſeront ſillonnées par une multitude de ſtries ou de cannelures, nulles pour nos ſens, ſi le travail de la Nature a acquis tout le fini dont il eſt ſuſceptible: car lorſque la cryſtalliſation aura été gênée par quelque cauſe accidentelle, & que les décroiſſemens des lames ne ſe feront pas faits par des degrés parfaitement égaux, il pourra

E

y avoir fur les faces du cryſtal des irrégularités qui ſe manifeſteront par des ſtries ſenſibles ; & c'eſt ce qu'on obſerve en effet ſur un
aſſez grand nombre de cryſtaux, & en particulier
ſur ceux dont il s'agit ici.

13. Paſſons maintenant aux décroiſſemens
qui ſe font vers les angles des lames, comme
dans le cryſtal de ſel marin octaèdre. Une
des faces du noyau étant toujours repréſentée
par le quarré A B C D (*fig.* 7), ſi l'on ſuppoſe que les décroiſſemens dont je parle ſe
faſſent par des ſouſtractions d'une ſimple rangée
de molécules, ce qui eſt le cas de l'octaèdre
dont il s'agit, comme on le verra bientôt,
il n'y aura de ſupprimé, vers l'angle **A**, par
exemple, à la première ſouſtraction, que le
cube auquel appartient la petite face **A** *a c b*;
à la ſeconde ſouſtraction, les deux cubes indiqués par *a d r c*, *b c i e*, ſe trouveront ſup-
primés ; à la troiſième, les trois cubes dont
les faces ſupérieures ſont *d f v r*, *c r o i*, *e i y g*,
& ainſi de ſuite : en ſorte que les rebords
des lames de ſuperpoſition ſeront compoſés
ſucceſſivement des arètes terminées par les
points *a*, *b*; *d*, *c*, *e*; *f*, *r*, *i*, *g*; *k*, *v*, *o*, *y*, *h*,
&c. ; & comme les molécules conſtituantes
ſont d'une fineſſe extrême, & que les points
dont il s'agit ſont diſpoſés ſur des lignes

droites *ab* , *de*, *fg* , *kh* , &c. (ce qu'il faut bien obferver), les faces du cryftal qui feront compofées de la fomme des arètes auxquelles appartiènnent ces points, paroîtront, comme dans le premier cas , former un plan continu, quoique ce plan foit réellement tout hériffé d'autant de petites afpérités , qu'il y aura d'arètes faillantes. Enfin , comme il n'arrive pas toujours que toutes les conditions requifes pour une cryftallifation parfaitement régulière fe rencontrent à - la - fois, le défaut de quelqu'une de ces circonftances produira néceffairement, dans la matière cryftalline, une diftribution inéga!e; en forte que les faillies dont j'ai parlé venant à fe grouper en une multitude d'endroits , pourront devenir fenfibles, comme elles le font en effet, lorfqu'on examine , à l'aide d'une loupe., les furfaces de plufieurs des cryftaux fecondaires, où les décroiffemens fe font par les angles.

S'il y a deux rangées de molécules fouftraites fur les angles de chaque lame , alors les rebords des lames de fuperpofition fe trouveront alignés fucceffivement fuivant les droites *de* , *kh*, &c.; & fi l'on fait attention à la profondeur & à la figure des vuides que doivent laiffer, dans ce cas, les molécules fouftraites, on concevra qu'il doit y avoir,

non-feulement de fimples afpérités produites
par les lignes anguleufes, telles que *dr c i e*,
mais même des enfoncemens alignés dans le
même fens que les ftries dont j'ai parlé plus
haut. Auffi apperçoit-on quelquefois, dans ce
même cas, de petites cannelures tranfverfales,
comme je le dirai en expliquant la ftructure des
cryftaux dont les faces offrent des indices de
ces petites inégalités.

14. Remarquons que quand il ne fe fait
fur les angles des lames que des fouftractions
d'une fimple rangée de molécules, l'excès d'une
lame fur l'autre eft mefuré à chaque angle par
la moitié At (*fig.* 7) de la diagonale d'une
des faces de ces molécules: au lieu que dans
le cas d'une fouftraction par deux rangées de
molécules, le même excès eft mefuré par la
diagonale entière Ac. Dans les décroiffemens
qui fe font fur les bords des lames, il eft clair
que l'excès d'une lame fur l'autre a pour mefure la largeur *a c* d'une des petites faces des
molécules conftituantes, ou le double *a i* de
cette largeur, felon que les fouftractions fe font
par une ou par deux rangées de ces molécules. Cette obfervation eft importante pour la
fuite.

Les fections que nous faifons dans les cryftaux nous trompent donc fur un point effentiel

de leur véritable ftructure, en nous offrant des parties qui paroiffent différer les unes des autres. La dernière de ces parties que nous puiffions détacher & appercevoir, eft encore compofée; à mefure que nous multiplions les coupes, les triangles difpofés fur les bords des lames deviennent plus petits; & enfin nous les verrions s'évanouir entièrement, fi nos inftrumens étoient affez délicats & nos organes affez parfaits pour nous permettre de pouffer la divifion mécanique d'un cryftal jufqu'au terme où elle ne nous laifferoit plus aucun point de partage à faïfir.

Cette théorie fe trouve confirmée par les explications faciles & naturelles qu'elle fournit de certains faits finguliers que nous offre la Cryftallifation, & par l'accord qui fe trouve entre les angles calculés d'après le décroiffement des lames, & ceux qu'on obferve fur les cryftaux eux-mêmes. C'eft ce que je vais éclaircir par quelques applications fimples aux cryftaux dont j'ai déjà parlé dans cet article.

15. Le niveau des faces voifines dans les pyramides difpofées autour du noyau cubique du cryftal dodécaèdre à plans rhombes (8), eft une fuite néceffaire de la loi de décroiffement la plus fimple, je veux dire celle qui ne fuppofe que des fouftractions d'une rangée

de molécules conftituantes. Pour le prouver, foient *a b c d*, *b f g c* (*fig.* 8) deux faces contiguës du noyau ; foit *o t s* un triangle dont le côté *o t*, couché fur le plan du quarré *b c g f*, mefure la quantité dont la face du noyau, repréfentée par ce quarré, dépaffe vers chacun de fes bords la première lame de fuperpofition ; foit *s t* l'épaiffeur de cette lame : le troifième côté *o s* fera néceffairement appliqué fur l'une dés faces rhomboïdales du cryftal fecondaire. Cela pofé, il eft évident que l'on aura *o t* = *s t*, puifque chacune de ces lignes eft égale au côté d'une des molécules conftituantes, dans l'hypothèfe où il n'y a qu'une rangée de ces molécules qui foit fouftraite. Si l'on conçoit maintenant un fecond triangle *o r t* difpofé comme le premier, par rapport à la face *a b c d*, on aura *r i* = *i o* = *o t* = *r s*. De plus, on a *r t* parallèle à *i o*, & *i o* également parallèle à *t s* : donc fi l'on mène la droite *i t*, il fera facile de voir que les quatre lignes dont il s'agit ont leurs extrémités fupérieures fur une même droite *r o s* ; & comme on peut appliquer le même raifonnement à toutes les autres lames de fuperpofition, il s'enfuit que la ligne *r o s*, prolongée de part & d'autre du point *o*, tombera fur toutes les arêtes de ces lames, & par conféquent que les deux triangles adjacens, compofés de la fomme de ces arêtes, font fur le même plan.

On obferve un grand nombre de cryftaux fecondaires, dans lefquels les faces produites par les rebords des lames furajoutées au noyau, fe trouvent deux à deux fur le même plan, comme dans le cryftal dodécaèdre dont il s'agit. Cette difpofition a d'abord quelque chofe de fingulier : il femble plutôt que les faces adjacentes, dans les pyramides voifines, devroient fe préfenter fous une multitude d'inclinaifons différentes, & que le cas où elles fe trouvent de niveau devroit arriver très-rarement. On conçoit à préfent comment ce même cas eft au contraire fi commun, puifque les décroiffemens dont il dépend font ceux qui fe font fuivant la loi la plus fimple & la plus régulière de toutes.

16. Tout triangle faifant la même fonction que le triangle *o s t*, ou *r i o* (*fig.* 8), prendra, dans le cours de cet Ouvrage, le nom de *triangle menfurateur*, parce qu'il fert à mefurer la loi des décroiffemens que fubiffent les lames de fuperpofition. Je ferai un ufage très-fréquent de ces fortes de triangles, dont la pofition, ainfi que le rapport de leurs côtés, varient felon les circonftances.

17. J'ai dit (14) que les mefures des angles

auxquelles on parvenoit à l'aide de la même théorie, s'accordoient avec celles que donnoit l'obfervation. Prenons pour exemple le fel marin octaèdre, dont la ftruêure a été expliquée plus haut.

Soit abp (*fig.* 9) une des faces de l'octaèdre, ar la hauteur de la pyramide quadrangulaire à laquelle appartient cette même face. Ayant mené ao perpendiculaire fur bp, la ligne or fera elle-même perpendiculaire fur ar; & le point r étant le milieu de la bafe quarrée de la pyramide, on aura $or = bo$.

Concevons que nco repréfente le triangle menfurateur, dans le cas préfent. cn fera le côté d'une des molécules cubiques qui forment la première lame de fuperpofition; & comme les décroiffemens fe font ici par les angles de ces lames, oc fera égal à la diagonale entière d'une des faces des molécules conftituantes (14), fi les fouftraêions ont lieu par une double rangée de molécules, & fimplement égal à la moitié de la même diagonale, s'il n'y a qu'une rangée de fouftraite. Or, un coup-d'œil jetté fur le cryftal fuffit pour faire juger que l'on a cn plus grand que co : donc il faudra fuppofer co égal à la moitié de la diagonale du quarré. Cela étant, foit $co = 1$; cn étant égal au côté du quarré, on aura $cn = \sqrt{2}$. Or, à cause des triangles semblables cno, rao, on pourra faire aussi $or = 1$, & $ar = \sqrt{2}$. Maintenant $\overline{ao}^2 = \overline{ar}^2 + \overline{or}^2 = 3$. De plus, $bo = or = 1$. Donc $ab = \sqrt{\overline{ao}^2 + \overline{bo}^2} = \sqrt{3 + 1} = 2$. D'ailleurs, il est évident que $bp = 2bo = 2$. D'où il suit que le triangle bap est non-seulement isocèle, mais équilatéral; c'est-à-dire, que chacun des trois angles de ce triangle est de 60°. Or, l'observation donne les mêmes angles; d'où il résulte que la loi de décroissement supposée est celle qui a lieu dans la formation du crystal.

18. La précision avec laquelle on trouve, à l'aide de la théorie que je propose, les angles exprimés en nombres ronds, & déjà déterminés d'une manière infiniment probable par l'inspection seule de la forme, comme ceux de l'octaèdre à faces équilatérales; cette précision, dis-je, assure les résultats du calcul, lorsqu'on applique celui-ci à des angles qui ne peuvent être exprimés que par des degrés joints à des minutes, secondes, & autres parties aliquotes du degré. Nous aurons souvent occasion, dans la suite de cet Ouvrage, de rencontrer de ces évaluations fractionnaires.

On verra auſſi que la même théorie conduit à déterminer le rapport des diverſes dimenſions des molécules conſtituantes, lorſque ce rapport n'eſt point indiqué par la ſtructure des cryſtaux.

19. Quoique je n'aie obſervé juſqu'ici que des décroiſſemens qui ſe font par des ſouſtractions d'une ou de deux rangées de molécules, & quelquefois de trois rangées, mais très-rarement, il eſt poſſible qu'il ſe trouve des cryſtaux dans leſquels il y ait quatre ou cinq rangées de molécules ſupprimées à chaque décroiſſement, & même un plus grand nombre encore. Mais ces cas me ſemblent devoir être plus rares, à proportion que le nombre des rangées ſouſtraites ſera plus conſidérable, parce que la formation du cryſtal s'écarte alors d'autant plus de la loi de décroiſſement la plus ſimple & la plus régulière, que nous avons vu être en même temps la plus ordinaire.

Il réſulte de tout ce qui précède, qu'un cryſtal ſecondaire eſt ſuſceptible d'autant de formes différentes, que ſes lames compoſantes peuvent ſubir de décroiſſemens divers dans leurs bords ou dans leurs angles, de manière que les côtés ou les pointes des petites molécules qui termineront ces lames, ſe trouvent de niveau. On conçoit donc comment le nombre des formes fecondaires eft néceffairement limité, quoiqu'en fe permettant de mutiler à volonté un cryftal, fans aucun égard à fa ftructure, on puiffe concevoir pour une même forte de fubftance une infinité de formes diverfes.

ARTICLE III.

Application aux Cryftaux de fpath calcaire.

20. LA matière calcaire eft fi généralement répandue dans l'intérieur du globe, & en même temps fi fufceptible, à raifon de fon peu de dureté, d'être attaquée par l'eau qui en détache & en entraîne les molécules dans fon cours, que l'on ne doit pas être furpris de la grande quantité de cryftaux de cette nature que renferment les cavités fouterraines. Ici, comme dans plufieurs autres parties des règnes de la Nature, la variété femble le difputer à l'abondance. Il eft peu de genres de cryftaux où la Géométrie trouve plus à s'exercer, & où ces efpèces d'enveloppes régulières, qui déguifent la forme du cryftal primitif, aient été modifiées de tant de manières différentes. Les joints des parties qui ont concouru à

l'accroiſſement du ſpath ſont d'ailleurs faciles à ſaiſir ; les coupes que l'on tenté d'y faire, en ſuivant ces mêmes joints, ſont nettes, d'un poli vif & brillant, qui ne laiſſe aucune équivoque ſur la ſtructure du cryſtal, quoique ſouvent compliquée. Auſſi ſuis-je redevable d'une grande partie des faits qui ſervent de fondemens à la théorie que j'ai propoſée, aux obſervations que j'ai faites ſur ce genre de cryſtaux, où l'on trouve à-la-fois tout ce qui peut favoriſer des recherches de cette nature, l'abondance de la matière & la facilité des opérations.

Forme primitive.

SPATH CALCAIRE RHOMBOÏDAL, connu ſous le nom de *ſpath d'Iſlande.* Spath calcaire rhomboïdal obtus. DAUBENTON, *Tableau minéralogique.*

Développement. 6 rhombes égaux & ſemblables entr'eux, tels que $a\,b\,c\,d\,(Pl.\,II,\,fig.\,10)$; le grand angle $b\,a\,d = 101°\,32'\,23''$; & par conſéquent le petit angle $a\,d\,c = 78°\,27'\,47''$.

21. Ce cryſtal étant la forme primitive du genre, ne peut ſe diviſer que par des ſections parallèles à ſes faces (5); ce qui donne de petits rhomboïdes ſemblables entr'eux, & au rhomboïde entier. Quant aux angles du rhombe,

je les ai déterminés par le calcul, d'après la structure du spath calcaire en prisme à six pans, terminé par deux faces exagones, comme je l'expliquerai plus bas. Les valeurs trouvées ne diffèrent que de 2′ 13″ de celles qui sont indiquées par M. de la Hire (*a*) ; car, selon ce Savant, le grand angle du spath d'Islande est de 101° 30′.

Newton, qui a donné une explication de la double réfraction si connue de la lumière à travers ce même spath, assigne pour la valeur du grand angle 101° 52′ (*b*). Ces différences viennent sans doute de ce que l'on n'a encore déterminé les angles dont il s'agit qu'en les mesurant immédiatement sur le crystal même, ou en mesurant les deux diagonales du rhombe, pour déduire de leur rapport la valeur des angles.

Forme secondaire.

SPATH CALCAIRE RHOMBOÏDAL A SOMMETS TRÈS OBTUS. Spath calcaire rhomboïdal lenticulaire. DAUBENTON, *Tableau minér.*

Développement. 6 rhombes égaux & semblables entr'eux, tels que *g f p o* (*fig.* 11),

_____

(*a*) Mémoires de l'Académie des Sciences, ann. 1710, p. 679, édit. in-12.

(*b*) *Newtoni Optice*, Quæstio XXV.

dont le grand angle $fgo = 114° 18' 56''$, & le petit angle $gop = 65° 41' 4''$.

22. La même substance, qui prend la forme rhomboïdale du spath d'Irlande, dans le cas de la crystallisation la plus parfaite, nous offre encore, parmi ses diverses modifications, deux autres rhomboïdes, l'un à sommets très-obtus, qui fait le sujet de cet article, & l'autre à sommets aigus, qui sera décrit dans la suite.

Concevons que les trois plans rhombes $hcai$, $hctb$, $caot$ (*fig.* 12), représentent les trois faces supérieures d'un cryftal de la forme de celui dont il s'agit ici. Si l'on effaye de divifer ce cryftal à l'aide d'un inftrument tranchant fitué obliquement fur l'une des arêtes, telle que ct, & dirigé de manière qu'il paffe par des lignes px, pl, parallèles aux diagonales cb, co, on détachera d'abord une pyramide oblique à trois faces, dont la bafe xpl fera la coupe même faite dans le cryftal. Si l'on continue la divifion, toujours fuivant des directions parallèles, on détachera des lames triangulaires qui iront en croif-fant uniformément, & dont les grandes faces feront femblables au triangle xpl. On voit aifément que la pyramide détachée par la première fection, n'eft elle-même qu'un compofé de lames triangulaires, telles que celles

dont je viens de parler, & que l'on enleve-
roit les unes après les autres , en divifant depuis la bafe $x\,p\,l$ de cette pyramide jufqu'à
fon fommet t. L'angle fupérieur p de toutes ces
lames eft égal au grand angle $b\,a\,d$ (*fig.* 10) du
fpath d'Iflande.

Si l'on fait alternativement des fections femblables fur les fix arètes du cryftal, lorfqu'on
fera parvenu au milieu des côtés $h\,b$, $b\,t$, $t\,o$, &c,
(*fig.* 12) , les facettes triangulaires produites
par le retranchement des angles folides , fe
toucheront par leurs angles latéraux ; & fi l'on
continue la divifion au·delà de ces points, &
toujours fur les fix arètes , les triangles, tels
que $x\,p\,l$ (*fig.* 15), anticipant alors les uns
fur les autres par leurs angles x, l, fe changeront en pentagones $p\,u\,t\,h\,f$, dont la bafe $t\,h$
décroîtra , tandis que les côtés $u\,t$, $f\,h$; iront
en augmentant ; en forte que le pentagone
parviendra par degrés à la figure du rhombe $p\,b\,e\,i$,
& à ce terme le noyau rhomboïdal paroîtra à
découvert.

En frappant fur les lames triangulaires ou
pentagonales que l'on a détachées à chaque
fection, on voit ces lames fe divifer en petits
rhomboïdes tous femblables au noyau ; & fi
l'on imagine la divifion pouffée affez loin pour
que les rhombes $p\,a\,c\,d$, $a\,t\,t\,c$, &c. repré-

sentent les faces des molécules conftituantes, on concevra (13) que les petits efpaces triangulaires *tgm*, *n*χ*h*, &c., difpofés fur la bafe des lames, font reftés vuides par la fouftraction des molécules qui auroient completté ces lames, dans le cas d'une cryftallifation plus parfaite. Cette ftructure eft indiquée à l'extérieur par des ftries ou fillons, qui ont exactement les mêmes directions que les lignes *b c*, *o c*, *g d*, *f d*, &c. (*fig.* 12). On verra bientôt la raifon de ces ftries.

Examinons maintenant, dans un plus grand détail, les différens états par lefquels paffent fucceffivement les lames de fuperpofition. Il eft aifé de voir d'abord, d'après la ftructure du cryftal, que les furfaces compofées de la fomme des bords fupérieurs *b c*, *o c*, *g d*, *f d*, &c., de ces mêmes lames, fe trouvent deux à deux fur le même plan. En appliquant ici le raifonnement que nous avons fait (15) par rapport au dodécaèdre rhomboïdal, dont les molécules font des cubes, on en conclura que les lames de fuperpofition du fpath dont il s'agit décroiffent dans leurs bords fupérieurs par des fouftractions d'une fimple rangée de rhomboïdes. Ce font ces décroiffemens qui occafionnent les ftries dont j'ai parlé.

Les côtés *u t*, *f h*, &c. (*fig.* 15), des pentagones

tagones vont au contraire en croiffant depuis le noyau, puifque le cryftal lui-même continue de croître dans les parties qui correfpondent à ces côtés. Or, il eft facile de concevoir que ces accroiffemens fe font de la même manière que dans un rhomboïde fimple de fpath d'Iflande, qui augmenteroit en volume fans changer de forme. Il n'y a donc nulle difficulté à cet égard.

Quant aux bafes inférieures, foit des pentagones, foit des triangles, elles reftent conftamment fur le même plan fans décroître ; en forte que fi l'on conçoit qu'une des faces du noyau foit repréfentée par le rhombe *a b c d* (*fig.* 14), la furface fupérieure de la première lame de fuperpofition fera fituée comme le pentagone *f e g h n*, celle de la feconde comme le pentagone *r i k m t* ; & ainfi de fuite.

Pour prouver que les lames de fuperpofition font conftantes par leurs bafes, j'obferve d'abord que le cryftal peut être également divifé dans le fens des petites diagonales *c b*, *c o*, *d g*, &c. (*fig.* 12), & dans le fens des lignes *h t*, *m s*, &c., qui coupent les premières à angle droit. Ces fecondes coupes ne font que les prolongemens de celles que l'on peut faire dans la partie inférieure du cryftal, parallèlement aux petites diagonales des trois faces qui appartiennent à cette même partie. Soit *h m s t* le rebord inférieur ou la bafe d'une des lames triangulaires que l'on détacheroit par une fection faite dans le fecond fens ; foit *r z* ou *e k* l'arète extérieure d'un des petits rhomboïdes qui occupent le rebord dont il s'agit : d'après la ftructure du cryftal, l'arète *cb* fe confond avec l'un des côtés du noyau ; donc cette arète eft une ligne droite continue : d'où il fuit que toutes les autres arètes *dg*, *qy*, &c., font pareillement des lignes droites continues. D'ailleurs, toutes ces lignes font évidemment fur un même plan. Donc tous les rebords *hmst*, *mnxs*, &c., n'étant autre chofe que la fomme des petites lignes *r z*, *e k*, &c., qui font partie des lignes *cb*, *dg*, &c., font auffi fur un même plan, fans qu'aucun dépaffe l'autre. En appliquant le même raifonnement à toutes les autres lames de fuperpofition, foit triangulaires, foit pentagonales, on concevra que les rebords inférieurs de ces lames font tous de niveau, ainfi que je l'ai annoncé.

La ftructure du fpàth que nous confidérons ici, eft une des plus favorables pour prouver la théorie que j'ai propofée ; car les ftries qui fillonnent les faces du rhomboïde font fi nettes & fi marquées fur une multitude de cryftaux de cette variété, qu'elles annoncent fenfible-

ment les décroiffemens des lames par les
fouftractions que j'ai fuppofé fe faire fur les
rebords correfpondans des mêmes lames. Mais
il eft aifé de voir que ces ftries ne peuvent
pas exifter, fans que les rebords inférieurs où
les bafes des lames que l'on détacheroit par
les fections *h t*, *m s*, perpendiculaires aux lignes *c b*, *d g*, &c., ne foient eux-mêmes den-
telés, puifque ces rebords interceptent néceffairement des petites portions de ftries. Or,
cette efpèce de dentelure eft difpofée précifément de la manière qu'il eft néceffaire pour
laiffer vuides les petits efpaces triangulaires
fitués à la bafe des lames dont le cryftal eft
compofé; d'où il réfulte que l'exiftence des
décroiffemens fur les rebords des lames, qui
eft indiquée par les ftries, affure en quelque
forte celle des décroiffemens par les angles.

Quant aux angles plans de ce cryftal, j'en
renvoie le calcul, ainfi que celui des angles
des cryftaux qui vont fuivre, à l'article où
je traiterai du cryftal qui m'a fourni des données pour évaluer les angles de fpath d'Iflande, parce que ceux - ci fervent enfuite à
déterminer les angles des autres cryftaux calcaires.

Spath calcaire a sommets très-obtus (a)
et a facettes triangulaires (*fig.* 17).
Spath calcaire rhomboïdal lenticulairé, avec
six facettes triangulaires. Daubent. *Tableau
minéral.*

Développement. Six pentagones égaux &
semblables entr'eux, tels que *g h m n r* (*fig.* 11),
& six triangles isocèles *a b g* (*fig.* 13).

Angles du pentagone. *h g r* = 114° 18′ 56″.
g h m = *g r n* = 95° 32′ 6″. *h m n* = *r n m* =
117° 18′ 26″.

Angles du triangle. *b a g* = 133° 12′ 30″. *a b g*
= *a g b* = 23° 23′ 45″.

23. Ce crystal n'est autre chose qu'une variété du précédent, qu'il faut concevoir incomplet dans les six angles saillans du contour,
à la place desquels on observe six facettes
surnuméraires, de figure triangulaire, situées
verticalement, en supposant que l'axe du crystal soit lui-même dans une position verticale.

Nous avons vu (22) qu'en divisant le spath
rhomboïdal à sommets très-obtus, on obte-
noit des lames triangulaires jusqu'aux points
où les plans coupans devenoient contigus les
uns aux autres. Concevons que ces lames,

(a) C'est celui qu'on appelle vulgairement *spath calcaire en tête de clou.*

au lieu d'être conftantes par leurs bafes, comme dans le fpath que je viens de citer, aillent en décroiffant uniformément vers ces mêmes bafes; de manière que les facettes triangu‑ laires *a b g* (*fig.* 17), qui réfulteront de ces décroiffemens, foient fituées verticalement. Dans ce cas, les fix grandes faces du cryftal de‑ viendront des pentagones *c a b r k*, *c a g p n*, &c., & l'on aura un folide femblable à celui dont il s'agit ici.

24. Cherchons maintenant la loi de décroif‑ fement qui · a lieu dans le cas préfent. Soit *a b e d g h* (*fig.* 16), le noyau rhomboïdal du cryftal. Soit *a b d g*, un quadrilatère formé par les petites diagonales *a g*, *b d*, de deux faces oppofées *a c g h*, *b f d e*, de ce même noyau, & par les côtés *a b*, *d g*, compris entre ces diagonales. Concevons enfin que *n o m* foit le *triangle menfurateur* (16), dans lequel *n o* égale le côté d'un des petits rhomboïdes compo‑ fans, & *n m* mefure la quantité dont · l'une quelconque des lames triangulaires excède l'autre par fa bafe. Or, cette ligne *n m* eft dans la direction de la petite diagonale d'un des rhombes compofans; donc puifque les petits rhomboïdes, dont le cryftal eft l'af‑ femblage, font fitués par rapport au noyau de manière que toutes les dimenfions corref‑

pondantes font refpectivement parallèles de part & d'autre, on aura *n m* parallèle à *a g*, *n o* parallèle à *d g*; & à caufe de la fituation verticale des facettes triangulaires, *m o* fera auffi parallèle à l'axe *a d* du cryftal. Donc le triangle *n o m* eft femblable au triangle *g d a*; donc *d g* : *a g* :: *n o* : *n m*. D'où l'on conclura aifément que *n m* eft la petite diagonale entière d'un des rhombes qui forment les faces des petits rhomboïdes compofans; c'eft-à-dire, que les décroiffemens (14) des lames triangulaires furajoutées au noyau, fe font par des fouftractions de deux rangées de molécules conftituantes.

SPATH CALCAIRE A DOUZE FACES PENTAGONES (*fig.* 18). *Id.* DAUBENT. *Tab. minér.*

Développement. Six pentagones *g h m n r* (*fig.* 11), difpofés trois à trois à chaque fommet du cryftal. Six autres pentagones *r n t u k* (*fig.* 19), dont les angles fupérieurs font fitués alternativement en fens contraire, & qui forment les faces latérales du cryftal.

Angles du pentagone *g h m n r*. $hgr = 114°$ $18' 56''$. $g hm = g r n = 95° 32' 6''$. $hmn = rnm = 117° 18' 26''$.

Angles du pentagone *r n t u k*. $nrk = 133° 12' 30''$. $rnt = rku = 113° 23' 45''$. $ntu = kut = 90°$.

25. Ce cryftal fe divife d'abord comme le fpath à fommets obtus & à facettes triangulaires (23), par des fections obliques fur les arêtes des pyramides, en lames triangulaires, dont le grand angle eft de 101° 32' 13", jufqu'à ce qu'on foit arrivé aux points *m*, *n*, *k*, *e*, *z*, *x* (*fig.* 18), ou aux extrémités des bafes des pentagones qui forment les fommets du cryftal. Paffé ces points, les lames triangulaires fe changent en pentagones : & enfin lorfque les plans coupans fe touchent, ce qui arrive quand les fections tombent fur les hauteurs *go*, *gp*, &c., des pentagones qui terminent le cryftal, celui-ci fe trouve changé en un autre, qui eft auffi à douze plans pentagones, mais dans lequel les faces des deux fommets font difpofées en fens contraire de celles du premier cryftal. Le contour d'une de ces faces eft repréfenté par le pentagone *g o c s p*. Si l'on continue la divifion par des fections parallèles à ces mêmes faces, les rectangles *n k u t* diminueront peu-à-peu en hauteur; & au point où ils auront entièrement difparu, on aura un cryftal femblable à un rhomboïde de fpath d'Iflande, mais incomplet dans les fix angles folides du contour, qui feront remplacés par autant de facettes triangulaires ifocèles. Enfin, par des divifions

ultérieures, on fera disparoître ces facettes, & l'on arrivera par degrés à un cryftal complet de la forme du fpath d'Iflande, c'eft-à-dire, au noyau du premier cryftal dodécaèdre.

26.. Pour tracer une des faces terminales *gocsp* (*fig.* 18), ou A H K D G (*fig.* 20), du cryftal à douze faces pentagones qui fe trouve engagé dans le premier, foit A B C E un rhombe femblable à celui du fpath d'Iflande. Par les points K, D, milieux des côtés B C, C E, faites paffer la droite K D. Du milieu *r* de cette droite, menez *r* H, *r* G, parallèles aux côtés A E, A B. Enfin, des points d'interfeftion H, G, abaiffez les droites H K, G D, fur les extrémités de la ligne K D; la figure A H K D G fera le pentagone cherché.

La ftruéture des lames dont les grandes faces font femblables à ce pentagone, eft indiquée par les divifions que préfente la figure. Il eft aifé de voir, d'après ce qui a été dit (24), que les rebords inférieurs de ces lames, fur lefquels on doit concevoir que les petits efpaces triangulaires K*af*, *f u x*, *x z p*, &c., fe trouvent vuides, décroiffent, depuis le noyau, par des fouftraétions de deux rangées de rhomboïdes. Quant aux rebords H K, G D, comme ils font partie des faces verticales qui réfultent, ainfi que je l'ai prouvé (24), d'une

loi de décroissement par des soustractions
d'une double rangée de molécules, ces rebords
ne sont composés que des arêtes terminées
par les points K, *c*, *g*, *s*, &c. ; en sorte que
chacun des triangles K *a c*, *c n g*, qui restent
vuides de ce côté, correspond toujours à deux
molécules constituantes.

Enfin, lorsque l'on continue la division sur
le rhomboïde incomplet de spath d'Islande dont
j'ai parlé plus haut, le pentagone A H K D G
revient par degrés à la figure du rhombe
A H *r* G, qui représente une des faces du
noyau, en passant par des figures eptagones
A H *c f b d* G, A H *g x h m* G, &c.

27. Il y a ici une remarque importante à
faire. On pourroit se tromper dans l'estimation
des décroissements qui se font vers les bases
D K des pentagones de superposition, en ne
faisant attention qu'à la distance de ces bases
par rapport à l'axe du crystal ; car cette distance étant toujours la même, on en con-
cluroit que les lames sont constantes vers ces
mêmes bases. Les décroissemens, tels que je
les considère, consistent en ce que le rebord
de chaque lame est réellement dépassé d'une
certaine quantité par celui de la lame placée
immédiatement au dessous. En effet, si les
rebords des lames étoient de niveau, tous

ces rebords se trouvant alors fur le même plan que l'un quelconque d'entr'eux, qui eft évidemment incliné, leur fomme formeroit auffi des furfaces inclinées, au lieu que celles dont il s'agit font verticales, en fuppofant que l'axe lui-même ait une fituation perpendiculaire à l'horizon. Il réfulte de-là que, quand les rebords d'une pile de lames font difpofés en retraite par rapport aux faces du noyau, ces lames doivent être cenfées décroître vers les rebords dont il s'agit, quoiqu'à confidérer leurs dimenfions abfolues, elles duffent paroître conftantes, lorfqu'elles augmentent d'un côté, à proportion qu'elles décroiffent de l'autre.

La ftructure du fpath à douze plans pentagones, telle que je viens de l'expliquer, eft très - différente de celle que lui a fuppofée M. Bergmann (a). Cet illuftre Chymifte compare le cryftal dont il s'agit à un grenat dodécaèdre, dont les fommets auroient leurs faces rhomboïdales tronquées par les trois angles extérieurs. Il attribue à ces deux cryftaux la même formation ; &, felon lui, l'un & l'autre réfulte de l'accumulation d'une

____

(a) *Opufc. Phyfica & Chemica.* Upfal, 1780, vol. II, pag. 6.

multitude de pentagones égaux & femblables fur les deux fommets pyramidaux d'un folide rhomboïdal, qui auroit auffi fes faces tronquées par leurs trois angles extérieurs; ce qui change ces faces en des pentagones que l'Auteur appelle *plans fondamentaux*. Cette explication fuppofe d'abord que la forme originaire du grenat, & celle des fpaths calcaires, font parfaitement femblables; & M. Bergmann avertit lui-même, dès le commencement de fon Ouvrage, que fon but eft de ramener plufieurs cryftaux, du nombre defquels eft le grenat, à la forme du fpath d'Iflande, ou d'un parallélipipède dont l'angle obtus eft de 101° 30′ pour chacune des faces. Or, le grand angle plan du grenat eft, comme je le prouverai, de 109° 28′; ce qui établit d'abord une diftinction très-fenfible entre les formes primitives des deux genres de cryftaux. La même explication fuppofe encore que l'angle au fommet de chacun des pentagones qui terminent le cryftal dont il s'agit ici, eft égal au grand angle du fpath d'Iflande, quoiqu'il y ait entre ces deux angles une différence de près de 13°. D'ailleurs, felon M. Bergmann, les *plans fondamentaux* peuvent être tronqués : ce qui eft contraire à l'obfervation. Enfin, il réfulteroit de l'explication

donnée par ce Savant, que le spath à douze
plans pentagones pourroit être divisé par des
coupes nettes dans des sens parallèles aux
faces de ses deux sommets pyramidaux. Mais
il en est tout autrement, comme on peut s'en
convaincre par l'expérience, d'après ce que
j'ai dit ci-dessus.

**SPATH CALCAIRE EN PRISME DROIT A SIX
PANS, TERMINÉ PAR DEUX EXAGONES RÉGU-
LIERS (*fig.* 21).** Spath calcaire en prisme à
six pans. **DAUBENT.** *Tabl. minér.*

La définition seule de ce crystal en indique
le développement.

28. Le spath dont il s'agit est de tous les
crystaux calcaires celui qui s'éloigne le plus
du noyau rhomboïdal par sa forme extérieure.
Il a encore ceci de particulier, que rien n'indique, au premier aspect, les côtés divisibles
du crystal. Pour parvenir à cette division,
il faut, après avoir incliné le plan coupant
d'un angle de 45° sur l'une des bases exagones
du prisme, faire une épreuve par rapport à
deux côtés contigus de l'exagone, en diri-
geant les sections parallèlement à ces mêmes
côtés. On s'appercevra qu'il n'y en a qu'un
des deux sur lequel on puisse détacher des
lames nettes, & à surfaces polies. Supposons

que ce foit le côté *g d*, alors on opérera fur
les côtés *g d*, *c n*, *q ʒ*, en paffant les côtés
intermédiaires *d c*, *n q*, *ʒ g*; & pour divifer
le cryftal dans fa partie inférieure, on prendra
les côtés *t f*, *h e*, &c., qui font difpofés alternativement par rapport aux côtés de l'exagone fupérieur. Cette alternative de divifions
vient de la fituation du noyau, dont les faces
répondent de part & d'autre à trois différens
côtés des exagones qui forment la bafe du
prifme.

Cela pofé, les lames que l'on détachera
d'abord feront des trapèzes tels que *a m r o*,
dont la hauteur ira toujours en croiffant, fi
l'on fuppofe que le prifme lui-même ait affez
de hauteur pour que les fections fupérieures
ne fe confondent pas avec les inférieures; c'eft-
à-dire, pour que les points *m*, *r*, *b*, *k*, reftent
toujours diftingués, tant que les plans coupans ne pafferont point par l'axe du prifme.
On peut juger, par la feule infpection du
trapèze H G D K (*fig.* 20), de la ftructure
de tous ceux dont il s'agit, en obfervant toujours que les efpaces triangulaires font vuides
fur les quatre côtés du trapèze.

Au-delà des points *a*, *o*, *y* (*fig.* 21), où
les fections voifines fe touchent, les trapèzes
anticipant les uns fur les autres par leurs

angles fupérieurs, deviennent des exagones, tels que *esK D v i* (*fig.* 20), qui parviennent par degrés à la figure d'un pentagone femblable à AHKDG, & dont le fommet eft fur la ligne H G. A ce terme, on a un folide à douze plans pentagones, entièrement femblable à celui que l'on retire (25 ; du fpath calcaire décrit dans l'article précédent, & qu'il faut divifer de la même manière, pour retrouver le noyau du cryftal.

Il eft aifé de concevoir que les trapèzes & les autres figures dont ce cryftal eft l'affemblage, décroiffent dans leurs parties inférieures par des fouftractions de deux rangées de molécules conftituantes (24), puifque les faces compofées de la fomme de leurs bafes font dans une fituation verticale. Il ne s'agit plus que de déterminer la loi des décroiffemens qui fe font vers l'angle fupérieur A (*fig.* 20) des pentagones dans le paffage de ceux-ci à la figure du trapèze , lorfqu'on reprend les lames dans un ordre contraire à celui des divifions indiquées, c'eft-à-dire, lorfqu'on part du noyau.

29. Soit toujours *a b d g* (*fig.* 16), une coupe géométrique du noyau femblable à celle qui a été indiquée (24). Soit *p s r* le triangle menfurateur, dans lequel on aura *p s* , égal à

la ligne qui doit donner la mefure des décroiffemens, *s r* égal au côté ou à l'arète d'unè
des molécules conftituantes, & *p r* fitué parallèlement à *b i*, que je fuppofe mené de
l'angle folide *b*, perpendiculairement fur l'axe
a d du noyau. A caufe des parallèles *p s*, *a i*,
d'une part, & *s r*, *b a*, de l'autre ; les triangles *s p r*, *b a i*, font femblables. Donc *b a* :
a i :: *s r* : *p s*. Or, *b a* eft le côté du noyau;
a i eft la moitié de la petite diagonale d'une
des faces du même noyau ; *s r* eft le côté d'une
des molécules conftituantes : d'où il fuit que
p s fera égale à la moitié de la petite diagonale d'une des faces des mêmes molécules ;
c'eft-à-dire, que les décroiffemens fe font (14),
dans la partie fupérieure du cryftal, par des
fouftractions d'une fimple rangée de petits
rhomboïdes.

Le cryftal prifmatique dont il s'agit, eft
fufceptible d'un grand nombre de variétés de
formes. Quelquefois le prifme n'a que très-
peu de hauteur; d'autres fois, les exagones
qui le terminent ont trois grands côtés &
trois petits. Il fe trouve même de ces prifmes
qui font triangulaires. Mais, d'après les principes expofés, il fera toujours facile de ramener ces différentes variétés à une ftructure
commune, de trouver la pofition du noyau ,

& de déterminer la loi des décroiſſemèns que ſubiſſent les lames de ſuperpoſition.

30. Une obſervation que j'ai faite ſur ce même cryſtal, m'a fourni des données pour calculer les angles plans du noyau. Si, après avoir détaché un ſegment du priſme par une ſection oblique, faite, par exemple, dans la direction du plan *a m r o*. (*fig.* 21), on renverſe ce ſegment de manière que la face *a m r o* reſte appliquée ſur la partie dont elle a été détachée, & que la ligne *m r* ſe confonde avec la ligne *a o*, le quadrilatère *z m r q* ſe trouvera de niveau avec le plan de l'exagone *d g a o n c*, ſans qu'il ſoit poſſible d'appercevoir la plus légère inclinaiſon entre ces deux plans. D'après cette obſervation, il eſt très-vraiſemblable que l'angle qui réſulte de l'inclinaiſon reſpective des deux plans *z m r q*, *a m r o*, eſt exactement égal à celui que fait le ſecond de ces plans avec *a z q o*; d'où l'on conclura que le triangle *a' c' b'*, formé par les inclinaiſons reſpectives des trois plans, eſt non-ſeulement rectangle, mais iſocèle. Or, en faiſant attention que le plan *a m r o* eſt parallèle à la face correſpondante du noyau, ſi nous ſuppoſons que le ſolide repréſenté *fig.* 16, ſoit diſpoſé comme le noyau, il ſera facile de voir que le triangle *a' c' b'* (*fig.* 21) eſt ſemblable

blable au triangle *a t i* (*fig.* 16), compofé de la moitié *a i* de la petite diagonale du rhombe *a c g h*, de la ligne *i t* menée perpendiculairement fur l'axe, & de la portion *a t* du même axe. Donc le triangle *a t i* eft auffi rectangle & ifocèle.

Soit *a t = i t =* 1, on aura *a i =* $\sqrt{2}$; & à caufe que *t i* eft le rayon droit du triangle équilatéral *c h b*, formé par les trois grandes diagonales des faces fupérieures du rhomboïde, *i h =* $\sqrt{3}$, & par conféquent *a h =*

$$\sqrt{(a i)^2 + (i h)^2} = \sqrt{5}.$$ Réfolvant le triangle rectangle *a i h* à l'aide de ces données, on trouvera pour le logarithme du finus de l'angle *i a h*, le nombre 9 8 8 9 0 7 5 6, qui répond à l'angle de 50° 46′ 6″ 30‴. Donc *c a h =* 101° 32′ 13″; & par.conféquent le petit angle *a h c* eft de 78° 27′ 47″ (*a*).

31. Il eft facile maintenant d'évaluer les angles plans des autres cryftaux décrits précédemment. Prenons d'abord le fpath rhomboïdal à fommets très-obtus (22). On a pu obferver, d'après la ftructure de ce cryftal,

---

(*a*) On trouvera (35) ces angles déterminés par un fecond procédé, qui donne exactement le même réfultat.

G

que les petites diagonales $c\,b$, $c\,o$ (*fig. 12*), des deux faces voifines, coïncident avec deux côtés d'une même face de noyau; en forte que l'angle $b\,c\,o$ eft égal au grand angle des rhombes du fpath d'Iflande. Donc on peut repréfenter $c\,b$ par $\sqrt{5}$, & $b\,o$ par $2\sqrt{3} = \sqrt{12}$. Et à caufe de $h\,r = \frac{1}{2}\,h\,t = \frac{1}{2}\,b\,o$; & de $c\,r = \frac{1}{2}\,c\,b$, on pourra faire auffi $h\,r = \sqrt{12}$, & $c\,r = \sqrt{5}$. Réfolvant le triangle $h\,r\,c$ à l'aide de ces données, il viendra pour la valeur du logarithme de la tangente de l'angle $h\,c\,r$, le nombre $10190105\,6$, lequel répond à l'angle de $57° \; 9' \; 28''$. Donc l'angle $h\,c\,t = 114° \; 18' \; 56''$, & l'angle $c\,h\,b = 65° \; 41' \; 4''$.

32. Paffons à la recherche des angles du pentagone $g\,h\,m\,n\,r$ (*fig. 11*), qui donne les grandes faces du fpath à facettes triangulaires (23). Ayant tracé ce pentagone par une méthode femblable à celle qui a été indiquée (27) pour le pentagone A H K D G (*fig. 20*), nous aurons toujours $g\,e = \sqrt{5}$, & $f\,e = \sqrt{12}$.

Confidérons le triangle $m\,t\,h$. Par la conftruction de la figure, nous avons $m\,t = \frac{1}{3}\,f\,e = \frac{1}{3}\sqrt{12} = \sqrt{3}$. De plus $h\,t = g\,r = \sqrt{s\,r^2 + g\,s^2}$. Or, $s\,r = \frac{1}{4}\,e\,o = \frac{1}{4}\,f\,e = \frac{1}{4}\sqrt{12} = \frac{1}{4}\sqrt{108}$.

D'ailleurs, $gs = \frac{1}{4}ge = \frac{1}{4}\sqrt{5} = \frac{1}{4}\sqrt{45}$.

Donc $ht = \frac{1}{4}\sqrt{108+45} = \frac{1}{4}\sqrt{153}$. Extrayant les racines indiquées à moins d'un millième près, on trouve $mt = 1,732$. $ht = 3,092$. De plus, l'angle $htm = \frac{g\,o\,p}{2} = 32°$ 50′ 32″. Le triangle hmt, réfolu d'après ces valeurs, donne pour le logarithme de la tangente de la demi - différence des angles h & m, le nombre $9\,9\,8\,0\,7\,2\,7\,2$, qui répond à l'angle de $43°$ 43′ 42″. D'où l'on conclura que l'angle hmt, ou fon égal tnr, eft de $117°$ 18′ 26″; & l'angle thm de $29°$ 51′ 2″. Ajoutant ce dernier angle à l'angle $ght = 65°$ 41′ 4″, on aura l'angle ghm, ou fon égal grn, de $95°$ 32′ 6″. Quant à l'angle hgr, nous avons déterminé (31) fa valeur, qui eft de $114°$ 18′ 56″.

A l'égard des triangles abg (*fig.* 13), qui forment les facettes latérales du cryftal, il eft clair d'abord que $ab = hm$ (*fig.* 11). Ayant abaiffé de plus la ligne ax perpendiculaire fur bc, on aura $bx = mt$ (*fig.* 11). Or, les valeurs de ces lignes fe déduifent aifément du calcul des angles du pentagone. Ces valeurs donneront l'angle bax, que l'on trouvera de $66°$ 36′ 15″. Donc $bag = 133°$.

12′ 30″ ; & *a b g*, ou ſon égal *a g b*, eſt de 23°. 23′ 45″.

Je ne dirai rien des angles du ſpath à douze plans pentagones, parce qu'il ſera facile, d'après les opérations précédentes, d'en trouver les valeurs.

SPATH CALCAIRE A DOUZE FACES TRIANGULAIRES SCALENÈS, connu ſous le nom de *Dent de Cochon.* (*Pl. III, fig.* 22). *Id.* DAUB. *Tableau minér.*

Développement. Douze triangles ſcalènes (*fig.* 23) égaux & ſemblables entr'eux. L'angle *e h g* = 101° 32′ 13″. *e g h* = 54° 27′ 30″. *g e h* = 24° 0′ 17″.

33. M. Bergmann a décrit avec beaucoup de vérité, dans l'Ouvrage dont j'ai parlé, la diſpoſition reſpective des lames qui compoſent ce cryſtal, & s'eſt aſſuré lui - même de cette diſpoſition, en obſervant les fractures faites dans le dodécaèdre. Ce Savant conſidère le ſpath dont il s'agit comme produit par l'accumulation d'une ſuite de plans rhombes décroiſſans, qui s'élèvent ſur les faces du noyau, en reſtant toujours contigus à l'axe par leur angle ſuperieur. Dans ce cas, la ſomme des bords extérieurs de tous les plans de ſuperpoſition forme les faces triangulaires.

de deux pyramides exagones, dont les bases se trouvent réunies par une ligne anguleuse *a c g h*, &c., compofée des fix arètes faillantes du noyau.

Cette explication indique la manière dont il faudroït divifer le cryftal, pour détacher toutes les lames dont il eft l'affemblage, & mettre le noyau à découvert. On conçoit aifément que chacune de ces lames peut être fous-divifée par des fections parallèles aux faces du noyau, en petits rhomboïdes femblables à ce noyau. C'eft auffi ce que m'a donné l'obfervation.

34. Selon M. Bergmann, les axes des pyramides feront d'autant plus longs, que le décroiffement des lames fe fera fait plus lentement, *& vice verfâ*. Cependant tous les cryftaux de cette variété, que j'ai obfervés, avoient les mêmes angles plans, en fuppofant que leur forme fût bien prononcée ; d'où il fuit que les axes des pyramides avoient auffi des hauteurs proportionnelles au volume des différens dodécaèdres. Ce fait tient à la loi des décroiffemens que fubiffent les lames du cryftal. J'ai trouvé qu'il fâlloit fuppofer que les fouftractions fe faifoient par une double rangée de molécules conftituantes, pour que les angles calculés d'après cette loi de dé-

croissement, fussent égaux à ceux du crystal.

35. Soit *acgh* (*fig.* 24) une des faces du noyau, *geh* une des faces du dodécaèdre, & le quadrilatère *abdg*, le même qui est représenté *fig* 16. Menons *am*, prolongement de *ba*, jusqu'à la rencontre de *eg*; menons aussi *hp*, *gz*, perpendiculaires sur l'axe *ed*.

La méthode que je vais employer pour chercher les angles du crystal dont il s'agit, servira à la-fois à démontrer deux propriétés géométriques assez singulières du solide représenté par ce crystal, comparé avec le noyau. L'une consiste en ce que la partie *ae* de l'axe qui dépasse le noyau, est égale à l'axe même *ad* de ce noyau.

Voici la seconde propriété. *acgh* étant, comme je l'ai dit, une des faces du noyau, si de l'angle *c* on mène *ct*, qui coupe le côté *ah* en deux également, le triangle *act* sera semblable à chacune des faces du crystal secondaire, avec cette différence que celles-ci auront leurs côtés doubles des côtés correspondans du même triangle.

Considérons d'abord le triangle mensurateur *kig*. Puisque les lames de superposition décroissent ici par les bords, si l'on suppose dans chaque lame deux rangées de molécules soustraites, comme j'ai reconnu que cela étoit néceffaire, nous aurons *i g* égal à deux fois la petite diagonale d'une des faces de ces molécules , & *i k* égal au côté de ces mêmes molécules. Or, à caufe des triangles femblables *m a g , k i g*, on a *g i : i k :: g a : a m.* D'où il eft facile de conclure que *g a* étant la petite diagonale d'une des faces du noyau, *a m* fera égal à la moitié du côté d'une des mêmes faces. Donc $am = \frac{1}{2} dg$. Maintenant les triangles femblables *e a m , e d g*, donnent *d g : a m :: e d : e a.* Donc *e d* = 2 *e a*, & *a d* = *a c ;* ce qui étoit la première propriété à démontrer.

Cherchons maintenant la valeur abfolue de l'axe *a d*. L'angle *g a z* étant de 45° (30), le triangle rectangle *a g z* eft ifocèle. Donc *a z* =

$$\sqrt{\overline{a\,g}^2 - \overline{g\,z}^2} = \sqrt{8 - 4} \ \ (30) ; \text{ ou } a z$$

= 2. De plus, $d z = \sqrt{\overline{d\,g}^2 - \overline{g\,z}^2} = \sqrt{5 - 4}$ = 1. Donc *a d* ou *a e* = *a z* + *d z* = 3 ; d'où il fuit que *e z* = 5. D'après ces valeurs, on

aura $eg = \sqrt{\overline{e\,z}^2 + \overline{g\,z}^2} = \sqrt{25 + 4} =$

$\sqrt{29}.$

Il ne refte plus qu'à chercher *e h*. Or, *e h* =

$$\sqrt{\overline{p\,e}^2 + \overline{p\,h}^2} = \sqrt{(e\,a + p\,a)^2 + \overline{g\,z}^2} =$$

$$\sqrt{(ea + d\imath)^2 + \overline{g\imath}^2} = \sqrt{(3+1)^2 + 4}$$

$= \sqrt{20}$. Nous avons donc dans le triangle egh, $eg = \sqrt{29}$, $eh \sqrt{20}$, $gh = \sqrt{5}$ (30). Il faut prouver maintenant que ces valeurs font doubles de celles des côtés du triangle act.

Du point t, abaissons tx perpendiculaire fur ch; nous aurons $cx = \frac{1}{4}ch = \frac{3}{4}\sqrt{12}$ (30), & $tx = \frac{1}{3}ao = \frac{1}{3}\sqrt{2}$. Donc $ct = \sqrt{cx^2 + tx^2}$

$$= \sqrt{\frac{108}{16} + \frac{1}{3}} = \sqrt{29}.$$

D'ailleurs, $ca = \sqrt{5} = \frac{1}{2}\sqrt{20}$; & $at = \frac{1}{3}ca = \frac{1}{2}\sqrt{5}$. Partant, la feconde propriété indiquée eft également démontrée.

Il fuit de-là que l'angle ehg, qui eft le plus grand des trois angles plans de l'une quelconque des faces du cryftal fecondaire, eft parfaitement égal au grand angle cah des rhombes du fpath d'Iflande. Quant aux deux autres angles, il fera facile de les déterminer, d'après les données que nous avons trouvées ci-deffus. On aura pour le logarithme du finus de l'angle egh, le nombre 9910461 6, qui répond à $54° 27' 30''$; d'où il réfulte que le troifième angle $geh = 24° 0' 17''$.

Si l'on fe propofoit de réfoudre le problême inverfe , c'eft-à-dire , fi l'on prenoit pour donnée l'*égalité* des angles *ehg, cah*, laquelle eft fenfible par l'obfervation faite d'une part fur le cryftal fecondaire, & de l'autre fur un cryftal d'Iflande, on trouveroit que ces deux angles ne peuvent avoir d'autre valeur que celle de $101°\ 32'\ 13°$.

Pour le prouver , ayant déja les mêmes lignes que ci-deffus, menons op, hr, perpendiculaires , l'une fur $e\zeta$, l'autre fur eg. Soient $e\zeta = x$, $g\zeta = ph = a$. Les décroiffemens des lames de fuperpofition fe faifant toujours fuivant la loi indiquée ci-deffus, on aura, ainfi que je l'ai prouvé, $ea = ad$; & $a\zeta = \frac{2}{5}\ e\zeta = \frac{2}{5}\ x$.

Cherchons d'abord l'expreffion algébrique de la furface du triangle ifocèle cah. Cette furface eft $ao \times oh = \sqrt{op^2 + ap^2} \times \sqrt{ph^2 - op^2}$. Mais $op = \frac{1}{2}\ g\zeta = \frac{1}{2}\ a$. $ap = \frac{1}{2}\ a\zeta = \frac{1}{5}\ x$.

Subftituant $ao \times oh = \sqrt{\frac{1}{4}\ a^2 + \frac{1}{25}\ x^2} \times$

$$\sqrt{a^2 - \frac{1}{4}\ a^2} = \sqrt{\frac{3}{16}\ a^4 + \frac{3}{100}\ a^2 x^2} =$$

$$\sqrt{\frac{25.}{25.}\ \frac{3}{16}\ a^4 + \frac{4.\ 3.}{4.\ 100}\ a^2 x^2} = \sqrt{\frac{75}{400}\ a^4 + \frac{12}{400}\ a^2 x^2} =$$

$$\frac{1}{20}\ \sqrt{75\ a^4 + 12\ a^2 x^2}.$$

Evaluons maintenant la furface du trian-
gle egh. Cette furface eft $\frac{1}{2} eg \times hr$.

Or, $eg = \sqrt{g\bar{r}^2 + e\bar{r}^2} = \sqrt{a^2 + x^2}$.

De plus, $eg : eh + hg :: eh - hg :$
$er - gr$.

Mais $eh = \sqrt{hp^2 + ep^2} = \sqrt{a^2 + \frac{16}{25} x^2}$.

$hg = ah = \sqrt{hp^2 + ap^2} = \sqrt{a^2 + \frac{1}{25} x^2}$.

Subftituant, la proportion deviendra $\sqrt{a^2 + x^2}:$
$\sqrt{a^2 + \frac{16}{25} x^2} + \sqrt{a^2 + \frac{1}{25} x^2} :: \sqrt{a^2 + \frac{16}{25} x^2}$
$- \sqrt{a^2 + \frac{1}{25} x^2} : er - gr$. D'où l'on tire $er - gr$

$$= \frac{a^2 + \frac{16}{25} x^2 - a^2 - \frac{1}{25} x^2}{\sqrt{a^2 + x^2}} = \frac{\frac{3 x^2}{5}}{\sqrt{a^2 + x^2}}$$

$$= \frac{3 x^2}{5 \sqrt{a^2 + x^2}}.$$ Donc gr, qui eft la plus
petite des deux quantités, fera égal à $\frac{1}{2} eg$

$- \frac{1}{2} (er - gr) = \frac{1}{2} \sqrt{a^2 + x^2} - \frac{3 x^2}{10 \sqrt{a^2 + x^2}}$

$$= \frac{5 a^2 + 2 x^2}{10 \sqrt{a^2 + x^2}}.$$ Donc $gr^2 = \frac{25 a^4 + 20 a^2 x^2 + 4 x^4}{100 \, a^2 + 100 \, x^2}.$

Or, $hr = \sqrt{hg^2 - gr^2} =$

$$\sqrt{a^2 + \tfrac{1}{25}x^2 - \frac{25 a^4 - 20 a^2 x^2 - 4 x^4}{100 a^2 + 100 x^2}} =$$

$\sqrt{\dfrac{75 a^4 + 84 a^2 x^2}{100 a^2 + 100 x^2}}$. Donc la furface du trian-

gle egh fera $\tfrac{1}{2} eg \times hr = \tfrac{1}{2}\sqrt{a^2 + x^2} \times$

$\sqrt{\dfrac{75 a^4 + 84 a^2 x^2}{100 a^2 + 100 x^2}} = \tfrac{1}{20}\sqrt{75 a^4 + 84 a^2 x^2}.$

Maintenant, fi l'on prend fur eh la partie hs égale à gh, & que l'on mène gs, il eft clair qu'à caufe de l'égalité des angles ehg, cah, & de celle dés lignes ac, ah, gh, hs, le triangle ghs fera femblable & égal au triangle cah. Or, les triangles ghs, ghe, ayant pour hauteur commune une perpendiculaire qui feroit abaiffée de l'angle g fur eh, prolongée autant qu'il eft néceffaire, font entr'eux comme leurs bafes sh, eh: Donc les triangles cah, egh, feront auffi comme les lignes ah, eh, ou comme $\sqrt{a^2 + \tfrac{1}{25}x^2}$:

$\sqrt{a^2 + \tfrac{16}{25}x^2}.$

Reprenant les expreffions de ces deux triangles, telles que nous les avons trouvées plus haut, nous aurons $\tfrac{1}{10}\sqrt{75 a^4 + 12 a^2 x^2}$:

$\tfrac{1}{20}\sqrt{75 a^4 + 84 a^2 x^2} :: \sqrt{a^2 + \tfrac{1}{25}x^2}$:

$\sqrt{a^2 + \tfrac{16}{25}x^2}.$ Supprimant les fractions $\tfrac{1}{20}$,

& les fignes radicaux ; puis égalant le produit des extrêmes à celui des moyens, $75\,a^6 + 12\,a^4\,x^2$

$+ 48\,a^4 x^2 + \frac{192}{25}\,a^2\,x^4 = 75\,a^6 + 84\,a^4\,x^2$

$+ 3\,a^4\,x^2 + \frac{84}{25}\,a^2\,x^4.$

Réduifant & divifant tout ce qui refte par $a^2\,x^2$, on aura $\dfrac{108\,x^2}{25} = 27\,a^2$, & $108\,x^2$

$= 675\,a^2.$ Divifant par 3, $36\,x^2 = 225\,a^2.$ Extrayant les racines, $6\,x = 15\,a$; donc $a = \frac{6}{15}\,x = \frac{2}{5}\,x.$ C'eft-à-dire, que $gz = \frac{2}{5}\,ez = az.$ D'où il fuit que $po = ap$, & que le triangle rectangle apo eft ifocèle: ce qui eft précifément la même donnée, d'après laquelle nous avons trouvé (30) que l'angle cah étoit de $101° 32' 13''.$

Spath calcaire rhomboïdal a sommets aigus (a). Spath calcaire rhomboïdal aigu. Daubenton, *Tableau minér.*

Développement. Six rhombes égaux & femblables entr'eux. L'angle bac (*fig.* 27) au fommet du cryftal eft de $75° 31' 20''.$ L'angle $abg = 104° 28' 40''.$

(*a*) On a donné auffi à ce fpath les noms de *fpath muriatique*, *fpath coquillier*, parce qu'on le trouve fouvent dans les coquilles fôffiles.

36. Voici la troifième forme rhomboïdale que nous offrent les fpaths calcaires. Elle eft diftinguée de celles dont j'ai déjà parlé (21 & 22), en ce que fes deux fommets font compofés de trois angles aigus, au lieu que dans les deux autres fpaths cités, ces mêmes angles font obtus.

Suppofons que $abgc$, $acfe$ (*fig.* 25), repréfentent deux des faces qui fe réuniffent trois à trois, pour former un des fommets aigus de ce cryftal, & que $cghf$ foit une des faces qui forment le fommet oppofé. Pour divifer le rhomboïde par des coupes nettes, il faut que les fections fe faffent parallèlement aux arêtes ac, ab, ae, &c., en paffant par des lignes im, ln, &c., également éloignées de ces arêtes. Cela pofé, on détachera d'abord des lames pentagones, telles que $aimnl$, dont l'angle ial au fommet fera de 101° 32′ 13″, comme celui du fpath d'Iflande, & dont les deux angles mn, fur la bafe, feront droits. Ces lames croîtront en largeur à chaque fection, en même temps qu'elles décroîtront en hauteur. Lorfque l'on fera arrivé au point où les fections voifines fe toucheront, c'eft-à-dire, au milieu des côtés bg, cg, cf, ef, &c., le cryftal fe trouvera changé en un autre, qui aura fix faces pentagones femblables à *a b g h l* (*fig.* 26) ; lesquelles feront des portions d'un rhombe *a c e k*, avec fix facettes triangulaires ifocèles *i h p* (*fig.* 27), qui feront le réfidu des faces primitives du cryftal, & qui auront leur bafe *h p* égale à la bafe *g h* (*fig.* 26) des pentagones, & leurs côtés adjacens & égaux aux côtés *l h* des mêmes pentagones. Au - delà des points de contaêt dont j'ai parlé, les feêtions anticipant les unes fur les autres, feront difparoître les angles *g* , *h*, des pentagones ; en forte que ceux-ci pafferont fucceffivement par les figures *a b s t u x l*, *a b n d r l*, &c., jufqu'à ce qu'ils foient parvenus à la figure du rhombe *a b o l;* & à ce terme, on aura le noyau du cryftal.

Si l'on fait des feêtions dans quelqu'une des lames pentagones *a b g h l*, dont j'ai parlé d'abord, on s'apperçoit que ces lames ne font qu'un affemblage de rhomboïdes femblables à celui du fpath d'Iflande, avec des vuides triangulaires, difpofés tant fur la bafe *g h*, que fur les côtés *b g*, *l h*, & qui font produits par des fouftraêtions de molécules conftituantes, comme je l'ai déjà expliqué. Quant aux lames, foit eptagones, comme *a b s t u x l*, foit exagones, comme *a b n d r l*, que l'on détache, paffé le point où les feêtions voifines fe touchent, il eft aifé de juger, par la feule infpection de la *figure* 26, qu'elles ne font pareillement qu'un affemblage de molécules femblables à la forme primitive.

37. Cette ftructure fournit des données pour calculer rigoureufement les angles plans du cryftal dont il s'agit. Soit $abgc$ (*fig.* 27), une des faces de ce cryftal. Si l'on divife cette face, en faifant paffer les droites rp, sh, hp, par le milieu des côtés , il eft aifé de voir que le triangle ihp repréfentera ce qui refte de la face $abgc$, lorfque les fections faites fucceffivement fur les différentes arètes du cryftal, indiquées plus haut (36), font parvenues à leur point de contact. Or, le triangle ihp étant femblable, au demi-rhombe abc, toute l'opération fe réduit à trouver l'angle pih. Remarquons que $ph = gh$ (*fig.* 26) $= bl$, qui eft la grande diagonale d'une des faces $abol$ du noyau. De plus, pi (*fig.* 27)

$$= lh \; (\textit{fig. } 26, = \frac{ae}{2} = ao,$$ qui eft la petite

diagonale du même rhombe. Donc $ph =$

$\sqrt{3}$ (*fig.* 27), & $pi = \sqrt{2}$. Le triangle pni, réfolu d'après ces valeurs, donne pour le logarithme du finus de pin, le nombre 9787056, qui répond à l'angle de 37°. 45′ 40″. Partant, l'angle pih, ou fon égal *c a b*, fera de 75° 31′ 20″ ; d'où il fuit que le grand angle *a b g* du rhombe eft de 104° 28′ 40″.

38. Cherchons maintenant la loi des décroiffemens que fubiffent les lames ajoutées au noyau. Mais obfervons, avant tout, que ces lames, prifes en partant du noyau, croiffent vers leurs bafes, en même temps qu'elles diminuent dans le fens de leur largeur; de forte que la première de ces variations eft une fuite néceffaire de la feconde. Il faut prouver maintenant que l'une & l'autre fe font par une fimple rangée de molécules. Commençons par les décroiffemens qui ont lieu fur les angles latéraux des lames de fuperpofition. Soient *g t e h o*, *g o k n r*, *a p s k h* (*fig.* 29. A), trois des grandes faces du cryftal, en le fuppofant parvenu au point où il auroit fix faces pentagones, & fix facettes triangulaires ifocèles, dont une eft repréfentée par *o h k*. Nous avons vu (36) que les fections faites dans le rhomboïde conduifoient à un folide de cette forme. Soient de plus *g c b u*, *b p l u*, *g u l x*, les rhombes dont les pentagones cités font partie. Ayant mené la diagonale *u x*, imaginons une nouvelle lame pentagone, qui feroit appliquée fur la face *g o k n r*. Cette lame fera néceffairement plus

troite

étroite que celle à laquelle appartient cette
même face. Soit $qy\chi$ le triangle menfurateur
$q\chi$ qu'il faut fuppofer relevé obliquement
fur le plan de la figure, étant le côté d'un
des petits rhomboïdes qui compofent la lame
que nous confidérons ici, il ne s'agira que
d'avoir la valeur de qy, qui mefure la quantité dont la lame dont il s'agit eft furpaffée
par celle qui eft placée immédiatement au-
deffous. Or, comme on peut concevoir le
triangle $qy\chi$ fitué où l'on voudra, fuppofons que l'angle y foit au milieu du côté ok;
de manière que qy faffe partie de ux. χy
étant dans la direction de hy, il eft facile de
voir que le triangle $qy\chi$ eft femblable au
triangle huy, à caufe des parallèles $q\chi$, hu,
& des pofitions de qy, χy, fur les prolongemens
de uy, hy. Donc $hu : uy :: q\chi : qy$; ou
$\frac{1}{3}bu : \frac{1}{4}ux$ ou $\frac{1}{4}cu :: q\chi : qy$; ou enfin
$bu : \frac{1}{2}cu :: q\chi : qy$. Or, bu eft le côté
ou l'arète du rhomboïde, auquel appartiennent les faces $gcbu$, $gulx$, &c.; cu eft la
grande diagonale d'une de ces faces; $q\chi$ eft
le côté d'une des molécules: donc qy fera la
moitié de la grande diagonale des faces de cette
molécule; c'eft-à-dire, que les fouftractions fe
font par une fimple rangée de petits rhomboïdes.

H

Paſſons aux variations qui ont lieu ſur les baſes des lames de ſuperpoſition, & qui ſont, comme je l'ai obſervé plus haut, de véritables accroiſſemens. Menons la hauteur pf du pentagone $apskh$, prolongée juſqu'en u, & la hauteur of du triangle ohk. Concevons que fmi ſoit le triangle menſurateur, dans lequel, ayant déjà fm égal au côté d'un des rhomboïdes qui compoſent le rebord inférieur ou la baſe de la lame à laquelle appartient le pentagone $apskh$, il ne s'agira plus que de ſavoir ſi mi (a), qui meſure l'excès de cette lame ſur celle qui eſt au - deſſous, eſt égal ſimplement à la moitié de la petite diagonale du rhombe primitif, ou à cette diagonale entière. Or, fm eſt parallèle à gu, qui eſt l'un des côtés du rhomboïde, auquel appartiennent les faces $gcbu$, $gulx$, &c. mi eſt parallèle à pu, qui eſt la petite diagonale d'une des mêmes faces; de plus, fi fait partie de of:

(a) Voyez (*fig*. 29. B) une coupe verticale du ſolide dont il s'agit, & dans laquelle les lignes gu, pu, fo, &c., répondent à celles qui ſont indiquées par les mêmes lettres, ſur la *fig*. 29. A. On y voit auſſi le triangle fmi, dans ſa véritable poſition; & la ligne continuement anguleuſe $fmi\varphi\zeta\mu o$, repréſente l'eſpèce de crénelure formée par les rebords des lames compoſantes ſur la ſurface du triangle ohk.

donc le triangle *f i m* eſt ſemblable au triangle *o u f.* Partant, $uo : fu :: fm : im$; ou $\frac{1}{2} gu : \frac{1}{4} pu :: fm : im$; ou enfin $gu : \frac{1}{2} pu :: fm : im$: d'où l'on conclura, par un raiſonnement ſemblable à celui que nous avons fait ci-deſſus, que *i m* eſt la moitié de la petite diagonale d'une des faces des rhomboïdes compoſans; c'eſt-à-dire, que les accroiſſemens ſe font vers cette partie du cryſtal, par de ſimples rangées de ces rhomboïdes.

Je ne dirai rien des variations que ſubiſſent les lames, par rapport aux angles à la baſe des pentagones, où il ſe forme de nouveaux rebords qui changent ces pentagones en eptagones (36), au-delà des points de contact des ſections voiſines. Il eſt aiſé de voir que ces rebords étant ſur des plans parallèles aux faces du noyau, tout ſe paſſe à cet égard, comme ſi ce même noyau ſe fût accru ſans changer de forme.

On peut déduire de tout ce qui précède, une méthode facile pour tracer, à l'aide du compas & de la règle, les faces des principales variétés du ſpath calcaire, rapportées à un noyau commun. Ayant déterminé à volonté le côté du ſolide rhomboïdal qui doit repréſenter le noyau, on tracera un rhombe *a c g h* (*fig.* 28) femblable à l'une quelconque des faces de ce rhomboïde, mais dont les côtés feront doubles de ceux des mêmes faces. On menera de plus les deux diagonales *a h*, *a g* du rhombe, & la droite *c t*, qui doit aboutir au milieu *t* du côté *a h*.

Cela pofé, le triangle fcalène *a c t* donnera l'une des faces du fpath *à dent de cochon*, comme je l'ai prouvé plus haut (35).

Pour avoir une des faces du fpath rhomboïdal à fommets très-obtus (22), laiffez fubfifter la grande diagonale *c h*, & prenez le côté *a h* pour en faire la petite diagonale d'un nouveau rhombe *g f p o* (*fig.* 11). Ce rhombe fera celui du fpath dont il s'agit.

Pour le fpath rhomboïdal à fommets aigus (36), laiffez pareillement fubfifter la grande diagonale *c h* (*fig.* 28) du rhombe *a c g h*, & prenez fa petite diagonale *a g* pour en faire le côté d'un nouveau rhombe *a b g c* (*fig.* 27). Ce rhombe fera l'une des faces du fpath à fommets aigus.

SPATH PERLÉ. *Id.* DAUBENT. *Tableau minéralogique.*

39. Le fpath perlé fe trouve rangé parmi les fpaths pefans, dans les divers Traités de

Minéralogie qui ont paru avant que j'euſſe communiqué à l'Académie des Sciences (a) les obſervations que j'ai faites relativement à cet objet. Les cryſtaux de ce ſpath, ordinairement groupés confuſément, & diſpoſés en recouvrement les uns ſur les autres, ſont auſſi quelquefois aſſez détachés pour que l'on puiſſe en appercevoir diſtinctement les différentes faces. Ils ſe préſentent alors ſous des formes rhomboïdales tout-à-fait ſemblables à celles du ſpath d'Iſlande, ayant des angles égaux à ceux de ce cryſtal, & ſe diviſant, comme lui, parallèlement à leurs faces, en cryſtaux plus petits, & de la même figure.

Frappé de ce rapport de ſtructure entre des cryſtaux que l'on avoit regardés juſqu'ici comme très-différens, j'ai cherché à me procurer des éclairciſſemens ſur les propriétés phyſiques & chymiques du ſpath perlé. M. Briſ-ſon, qui prépare, ſur les peſanteurs ſpécifiques des corps naturels, un Ouvrage doublement précieux, & par l'exactitude des réſultats, & par la ſûreté de la nomenclature qui ſera

---

(a) Le Mémoire qui renferme ces obſervations a été lu à l'Académie le 15 Juin 1782.

priſe dans la belle diſtribution méthodique de M. Daubenton, a eu la complaiſance de me communiquer l'évaluation des peſanteurs relatives des ſpaths peſans, du ſpath perlé, & du ſpath calcaire rhomboïdal. Voici l'ordre de ces peſanteurs, rapportées au terme commun de la peſanteur de l'eau, que M. Briſſon fixe à 10000.

Spath peſant en lames rhomboïdales. .   44434.
Spath peſant en maſſes blanches &
   opaques   . . . .   44300.
Spath perlé . . . .   28378.
Spath calcaire rhomboïdal . . . .   27151.

On voit, par ces évaluations, que la peſanteur ſpécifique du ſpath perlé diffère beaucoup moins de celle des ſpaths calcaires que de celle des ſpaths peſans.

M. Bertholet, a bien voulu auſſi me faire part du réſultat de l'analyſe qu'il a faite du ſpath perlé. Cet habile Chymiſte a trouvé que ce ſpath n'eſt qu'un compoſé de matière calcaire, avec une petite quantité de fer, dans la proportion de quatre grains ou quatre grains & demi ſur cent. Ainſi le ſpath perlé, ſous quelque point de vue qu'on le conſidère, doit être rangé parmi les ſpaths calcaires ; & s'il a une peſanteur ſpécifique plus conſidé-

dérable, & ne fait pas une auffi prompte effer-
vefcence avec les acides, on ne doit attribuer,
ce me femble, cette différence qu'au mélange
des parties ferrugineufes qu'il contient.

ARTICLE IV.

Application aux Spaths pefans.

40. Je place ici les fpaths pefans, parce
que leur forme primitive a du rapport avec
celle des fpaths calcaires, comme nous le verrons bientôt. Les cryftaux du genre dont il
s'agit ici, ont excité l'attention des Phyfi-
ciens par la propriété qu'on a reconnue à plufieurs d'entr'eux de devenir des phofphores,
lorfqu'après leur avoir fait fubir une certaine
préparation, & les avoir expofés pendant
quelques inftans au foleil, on les porte dans
un lieu obfcur. Ils n'ont pas moins exercé
la Chymie par la recherche de cette terre
particulière que l'on en retire à l'aide de
l'analyfe, & à laquelle on a attribué leur
pefanteur confidérable; mais dont il paroît
que la nature n'eft pas encore bien connue.
Quant aux caractères que peut fournir la
Minéralogie pour diftinguer ces mêmes fpaths
d'avec les fpaths fluors - phofphoriques, il me

femble qu'aucun de ceux qui ont été indiqués jufqu'ici n'eft propre à fixer d'une manière nette & précife la limite qui fépare ces deux genres de pierres, fur-tout lorfqu'elles ne fe préfentent pas fous des formes affez régulières pour qu'on puiffe déterminer leur cryftallifation. Mais la ftructure fournit entr'eux un point de partage que je regarde comme à l'abri de toute équivoque; car en détachant, à l'aide d'un inftrument tranchant, un fragment de la pierre fur la nature de laquelle il reftera quelque doute, & en frappant avec précaution fur ce fragment, on verra paroître des joints qui donneront des rhombes qu'on ne pourra fous-divifer en triangles, fi le fragment appartient à un fpath pefant, & des triangles équilatéraux, fi l'on opère fur un morceau de fpath phofphorique. C'eft ce que l'on concevra aifément, d'après l'explication que je donnerai de la ftructure de ces deux genres de cryftaux.

Forme primitive.

SPATH PÉSANT EN LAMES RHOMBOÏDALES. *Id.* DAUBENT. *Tabl. minér.*

Développement. Deux rhombes femblables au rhombe *a b c d* (*fig.* 10), qui eft celui du fpath d'Iflande. Quatre rectangles égaux.

41. Les deux rhombes qui forment les grandes faces oppofées du cryftal dont il s'agit ici, ont, autant que j'ai pu en juger par les mefures que j'en ai prifes, les mêmes angles que le rhombe du fpath d'Iflande ; c'eft-à-dire, que le plus grand de ces angles eft de 101° 32′ 13″, & le plus petit de 78° 27′ 47″ (21), en fuppofant l'égalité parfaite (a). J'ai pris une lame rhomboïdale de fpath calcaire ; je l'ai appliquée fur une lame de fpath pefant, en faifant correfpondre le grand angle de l'une avec celui de l'autre, & il m'a femblé que les lignes qui formoient ces angles coïncidoient exactement, fans que je puffe appercevoir aucune différence. On ne confondra cependant pas une lame de fpath pefant avec une lame de fpath calcaire, puifque, dans celle-ci, toutes les faces étant rhomboïdales, font inclinées refpectivement les unes fur les autres ; au lieu que dans le fpath pefant, les faces latérales étant des rectangles, font perpendiculaires fur les deux grandes faces du cryftal.

Le fpath pefant en lames rhomboïdales fe divife parallèlement à fes différentes faces, en rhomboïdes partiels, ou en petits prifmes

---

(a) On trouvera ci-après (n°. 47) une autre donnée qui conduit aux mêmes angles.

droits & quadrangulaires, dont les bafes font des rhombes qui ont des angles égaux à ceux de la forme primitive. La ftruéture du cryftal ne détermine point le rapport de la hauteur de ces prifmes avec le côté du rhombe, puifqu'on peut divifer le prifme partout où l'on voudra par des fections parallèles à fes deux bafes ; ce qui donne d'autres prifmes plus courts, dont la hauteur varie à l'infini. Je prouverai plus bas, que ces prifmes, confidérés comme les molécules conftituantes des fpaths pefans, ont la forme la plus fimple, c'eft à dire, que leurs faces latérales font des quarrés.

Formes fecondaires.

SPATH PESANT OCTAÈDRE A SOMMETS AIGUS. (*Pl. IV* , *fig.* 30 *). DAUBENT. *Tableau minér.*

Développement. Quatre trapèzes *b a g m* (*fig.* 31). Six triangles ifocèles *a s g* (*fig.* 32).

---

* Les fommets du cryftal, tels que je le confidère ici, font compofés des faces triangulaires *a g s* , *o g s* , *b q m* , *x q m* , qui fe réuniffent deux à deux par leurs bafes aux extrémités du cryftal. Les angles formés par les plans de ces triangles, à l'endroit des arètes *s g* , *q m* , font dans le cas préfent des angles aigus.

'Angles du trapèze $bmg = agm = 46°\ 8'\ 46''$. $mba = gab = 133°\ 51'\ 14''$. Angles du triangle. $gas = 53°\ 7'\ 50''$. $ags = asg = 63°\ 26'\ 5''$.

42. Les sections par lesquelles on détache les grandes lames dont ce cryftal eft compofé, fe font parallèlement au plan, qui eft cenfé paffer par les hauteurs ac, bp (*fig. 30*), des triangles qui forment fes quatre petites faces. Ces lames repréfentent, par leurs grandes faces, des exagones alongés, tels que A B G H N O (*fig. 33*), dont la longueur A H eft conftante, & qui s'accroiffent en largeur jufqu'à la lame du milieu, qui eft la plus grande de toutes. En fous-divifant ces exagones, on trouve qu'ils fe partagent en petits prifmes quadrangulaires femblables à la forme primitive, & dans lefquels le petit angle du rhombe eft tourné vers le fommet A ou H de l'exagone. Les triangles que l'on voit fur les grands bords des exagones, annoncent les petits vuides qui fe trouvent entre les angles extérieurs des molécules conftituantes difpofées le long de ces mêmes bords. La fituation du noyau de forme primitive eft indiquée par le rhombe P R S T.

43. Quant à la loi des décroiffemens que fubiffent les lames de fuperpofition, tandis

qu'elles diminuent en largeur, on la trouvera, d'après les principes exposés ci - deſſus (13). Mais comme nous ignorons quelle eſt la hauteur des molécules conſtituantes, il a fallu faire à cet égard une hypothèſe que nous verrons bientôt ſe vérifier par l'accord du calcul avec l'obſervation. J'ai donc ſuppoſé que les faces latérales de ces molécules étoient des quarrés (*a*). D'après cette ſuppoſition,

------

(*a*) Il n'eſt pas inutile d'obſerver ici que les coupes qui ſe font parallèlement à ces quarrés, ſont moins faciles & moins nettes que celles qui ſont parallèles aux rhombes des baſes; auſſi ces dernières figures offrent-elles moins de points d'adhérence, ayant moins d'étendue que le quarré de même contour. Ceci revient à l'obſervation que j'ai déjà faite (*pag. 51, Note 1*). On verra qu'elle ſe vérifie par rapport à d'autres genres de cryſtaux dont je parle dans cet *Eſſai*. J'en retrouve encore la confirmation dans un aſſez grand nombre de ſubſtances cryſtalliſées, ſur leſquelles je me propoſe de publier mes vues dans la ſuite. Par exemple, les cryſtaux du feldt-ſpath offrent trois coupes différentes : l'une dans le ſens d'un parallélogramme obliquangle, & les deux autres parallèlement à deux rectangles. La première de ces coupes, ainſi que celle qui ſe fait parallèlement à l'un des rectangles, eſt plus nette que celle qui eſt parallèle à l'autre rectangle. Auſſi, en recherchant par le calcul les dimenſions des faces des molécules, d'après la loi des décroiſſemens, ai-je trouvé

ſoit *o c l* (*fig.* 34) le triangle menſurateur. Il eſt clair par la ſuppoſition, que *o l* eſt égal au côté B *i* (*fig.* 33) d'une des molécules conſtituantes. Il ne reſte plus qu'à déterminer *c l*, qui doit donner la loi des décroiſſemens. Or, l'angle *o c l* eſt égal à l'angle *r a n* (*fig.* 30), formé par une perpendiculaire *a r*, abaiſſée de l'extrémité *a* de l'arête *a b* ſur l'arête *g m*, & par *a n*, menée perpendiculairement ſur l'axe *c p* du cryſtal ; c'eſt-à-dire, que l'angle *o c l* (*fig.* 34) eſt la moitié de celui que forment entr'elles les grandes faces du cryſtal ſur l'arête *a b* ou *o x*. D'après cela, un ſimple coup d'œil jeté ſur le cryſtal, ſuffit pour faire juger que l'on a, dans le cas préſent, *o l* plus petit que *c l* ; d'où il ſuit que cette dernière ligne ſera la petite diagonale entière d'un des rhombes compoſans, & non pas la moitié ſeulement de cette diagonale : car alors on auroit *o l* plus grand que *c l*. Il faut donc qu'après avoir calculé l'angle *o c l*, en faiſant uſage des données précédentes, & en avoir pris le double, on ait un angle

---

que le dernier rectangle dont je viens de parler avoit une ſurface plus grande dans le rapport de 3 à $\sqrt{3}$, que celle de l'autre rectangle & du parallélogramme obliquangle, qui ſont égaux entr'eux.

égal à celui que l'on observe sur le crystal même, en mesurant l'inclinaison des deux faces, qui se réunissent à l'endroit de l'arète ab ou ox.

Il est aisé de voir, d'après l'égalité des angles du rhombe dans le spath pesant & le spath calcaire, que l'on a $lo = \sqrt{5}$ (30); $cl = \sqrt{8}$. Donc $co = \sqrt{13}$. Résolvant le triangle rectangle ocl à l'aide de ces données, on trouvera, pour le logarithme de ocl, le nombre 9792513 3, qui répond à l'angle de 38° 19′ 43″, avec un reste $\frac{96}{133}$, lequel vaut plus de 30‴. Donc l'angle que forme l'inclinaison respective des grandes faces du crystal sur les arètes ab, ox, doit être de 76° 39′ 27″; & l'angle formé par l'inclinaison des mêmes faces sur les arètes gm, qs, sera de 103° 20′ 33″. Or, l'observation donne sensiblement les mêmes angles; ce qui confirme la supposition faite par rapport à la forme des molécules constituantes, & fait voir de plus que les lames de superposition décroissent, dans le cas présent, par des soustractions d'une double rangée de molécules (14); en sorte que ces lames peuvent être représentées successivement par les exagones ABGHNO, $AgdHkm$ (*fig.* 33).

Quant à l'angle formé par les petites faces triangulaires bqm, xqm d'une part, & ags, ogs de l'autre (*fig.* 30), fur les arêtes qm, gs, fa valeur eft évidemment de $78°$ $27'$ $47''$; puifque, d'après la ftructure du cryftal, cet angle eft égal au petit angle du rhombe de figure primitive.

44. Le calcul des angles plans du cryftal eft facile, d'après ce qui précède. Propofons-nous d'abord de déterminer ceux de la face triangulaire ags. Il eft aifé de voir que an & cn font entr'elles comme la moitié de la petite diagonale du rhombe appartenant au fpath pefant eft à la moitié de la grande diagonale du même rhombe, ou, ce qui revient au même, comme la petite diagonale entière eft à la grande. Ce rapport fuit évidemment de la ftructure des lames exagones qui compofent le cryftal ; c'eft-à-dire, que $an : cn ::$ $\sqrt{8} : \sqrt{12}$. D'ailleurs, à caufe des triangles femblables col (*fig.* 34), & ran (*fig.* 30), on a $an : nr :: cl : ol :: \sqrt{8} : \sqrt{5}$. D'où il fuit que nous pouvons faire $an = \sqrt{8}$, $cn = \sqrt{12}$, & $nr = \sqrt{5}$. Ayant mené ac perpendiculaire fur gs, nous aurons $ac = \sqrt{an^2 + cn^2} = \sqrt{8+12} = \sqrt{20}$. Main-

tenant, dans le triangle rectangle acg, nous con-
noiffons $cg = nr = \sqrt{5}$, & $ac = \sqrt{20}$. Réfolvant ce triangle, on aura pour le logarithme de la tangente de l'angle agc, le nombre 103010300, qui répond à l'angle de
$63°\ 26'\ 5''$. Cette valeur fera auffi celle de
l'angle asg, & l'angle gas fera de $53°\ 7'$
$50''$.

Cherchons maintenant les angles du trapèze $gmba$. Dans le triangle rectangle agr,
nous avons $rg = cn = \sqrt{12}$, & $ar =$
$\sqrt{an^2 + rn^2} = \sqrt{8 + 5} = \sqrt{13}$. Réfolvant ce triangle, nous trouverons pour le
logarithme de la tangente de l'angle agr, le
nombre $10017381 1$, qui répond à $46°\ 8'$
$46''$, valeur de chacun des angles fur la bafe
du trapèze; d'où il fuit que la valeur de l'angle gab, ou de mba fon égal, fera de $133°$
$51'\ 14''$.

SPATH PESANT OCTAÈDRE CUNÉIFORME A
SOMMETS OBTUS. *Id.* DAUBENT. *Tabl. minér.*

Développement. Quatre trapèzes $bmga$
(*fig.* 38). Quatre triangles rectangles ifocèles.
Angles du trapèze $bmg = agm = 63°26'\ 6''$.
$gab = mba = 116°\ 33'\ 54''$.

45.

45. Les cryftaux de ce fpath, que j'ai obfervés, avoient été apportés du Mont Etna,
& leur matrice étoit mêlée de foufre. On
remarque fouvent, à chacun de leurs fommets, deux facettes furnuméraires, qui remplacent les deux angles folides fitués aux extrémités des arètes de ces fommets. Je fais
abftraction, pour l'inftant, des facettes dont il
s'agit.

Le cryftal octaèdre qui vient d'être décrit,
fe divife comme celui de la variété précédente (42.) ; mais les rhombes, qui compofent les lames exagones que l'on détache à
chaque fection, ont leur grand angle, au
lieu du petit, tourné vers le fommet du cryftal,
qui, par cette raifon, eft obtus-angle, comme
on peut en juger par l'infpection de la *figure 36*,
laquelle repréfente une coupe exagone de ce
cryftal.

46. Les décroiffemens des lames de fuperpofition fe font, dans cet octaèdre, fuivant
la loi la plus fimple, c'eft-à-dire, par des
fouftractions d'une feule rangée de molécules.
Pour le prouver, repréfentons encore, par la
figure 30, l'octaèdre dont il s'agit ici, & qui
ne diffère de l'autre que par la valeur des
angles. Soit $c\,o\,l$ (*fig. 35*) le triangle menfurateur, dans le cas préfent. On aura $o\,l$ plus

grand que *c l*, comme on s'en apperçoit à la feule infpection du cryftal ; ce qui indique que *c l* n'eft que la moitié de la grande dia-gonale d'un des rhombes compofans. Quant à la ligne *ol*, elle fera toujours égale au côté de la molécule conftituante. On aura donc $ol = \sqrt{5}$, $cl = \sqrt{3}$, & $co = \sqrt{8}$. Ces va-leurs donnent 52° 14′ 19″ pour l'angle *o c l*; d'où il fuit que l'angle formé par les incli-naifons des grandes faces du cryftal fur les arètes *ab*, *o x*, eft, dans le cas préfent, de 104° 28′ 38″; & l'angle formé par les incli-naifons des mêmes faces fur les arètes *g m*, *s q*, de 75° 31′ 22″; ce qui s'accorde avec l'obfervation. Ainfi, les lames de fuperpofi-tion décroiffent dans ce cryftal fuivant la loi indiquée plus haut; c'eft-à-dire, que les faces exagones de ces lames peuvent être repréfentées fucceffivement par les figures ABGHNO, A*f*i*H*r*t*, &c. (*fig. 36*).

47. Déterminons maintenant les angles plans du cryftal, en commençant par ceux des faces triangulaires *s ag*. Les triangles fem-blables *a n r*, *o cl*, donnent $an : nr :: cl : ol :: \sqrt{3} : \sqrt{5}$. De plus, $an : cn :: \sqrt{3} : \sqrt{2}$. Donc nous pouvons faire $an = \sqrt{3}$,

$ar = \sqrt{5}$, & $cn = \sqrt{2}$. Donc $ac =$
$\sqrt{an^2 + cn^2} = \sqrt{5}$. Mais $eg = nr = \sqrt{5}$;
donc le triangle rectangle acg est isocèle:
d'où il suit que la face sag est elle-même
un triangle rectangle isocèle; ce que l'observation confirme pareillement (*a*).

A l'égard des angles du trapèze $gmba$, con-
sidérant le triangle rectangle agr, nous avons gr
$= cn = \sqrt{2}$, & $ar = \sqrt{an^2 + nr^2} =$
$\sqrt{3 + 5} = \sqrt{8}$. Ce triangle résolu
donne pour logarithme de la tangente de agr,
le nombre 103010300, qui répond à $63°$
$26' 5''$, valeur de chacun des deux angles agm,
bmg; d'où il suit que celle de chacun des
angles gab, mba, est de $116° 33' 55''$.

Concevons maintenant que le cryftal ait à
chacune de ſes extrémités les deux facettes
ſurnuméraires dont j'ai parlé plus haut (45).
Si ces facettes ſont aſſez grandes pour ſe toucher par leurs ſommets, elles deviendront,
dans ce cas, des quadrilatères alongés, tels
que $oais$ (*fig.* 37); les faces triangulaires du

(*a*) L'exiſtence de l'angle droit dont il s'agit ici aſſure
les valeurs trouvées pour tous les autres angles, d'après
le principe énoncé pag. 26 de l'Introduction.

cryſtal ſe trouveront changées elles-mêmes én d'autres quadrilatères *d o ſ b*, *i m g ſ*, & les grandes faces ſeront des exagones irréguliers, dont la *fig.* 37 repréſente deux moitiés *a h t m i*, *a h k d o*. Tant que les coupes, qui ſe font dans le cryſtal, ne paſſent que ſur les facettes accidentelles, ces coupes font des rectangles, tels que *c d b n* (*fig.* 36). Au - delà du point où ces coupes paſſent auſſi ſur les quadrilatères qui ſont reſtés des faces triangulaires du cryſtal, les rectangles ſe changent en octogones ſemblables à *c* B G *n b* N O *d* (*fig.* 36). Enfin, la figure de la dernière coupe, qui paſſe par les deux pointes du cryſtal, eſt un exagone ſemblable à ceux que l'on détache de l'octaèdre ſimple & ſans facettes ſurnuméraires. Si au contraire ces facettes ſont trop petites pour ſe toucher, auquel cas il eſt aiſé de voir que les faces triangulaires de l'octaèdre ſe trouvent changées en pentagones, alors les coupes octogones conſervent leur figure ſans paſſer à celle de l'exagone.

48. Les facettes dont il s'agit réſultent de la même loi de décroiſſement qui a lieu dans l'octaèdre à ſommets aigus (42), par rapport aux grands côtés des lames qui compoſent cet octaèdre ; c'eſt-à-dire, que les lames du cryſtal à facettes, au lieu d'être conſtantes

dans leur axe ou leur hauteur, décroiſſent vers leurs extrémités A, H (*fig. 36*), par des ſouſtractions d'une double rangée de molécules conſtituantes. Auſſi, l'angle que forment les plans des facettes ſurnuméraires ſe trouve-t-il être de 76° 39′ 27″, comme celui que forment les grandes faces de l'octaèdre à ſommets aigus par leurs inclinaiſons ſur les arètes *a b*, *o x*, (*fig. 30*).

49. J'ai dit (13) que quand les décroiſſemens ſe faiſoient par des ſouſtractions d'une double rangée de molécules conſtituantes, il ſe pouvoit qu'il y eût des ſtries ſenſibles ſur la ſurface du cryſtal. J'ai apperçu de ces ſtries, à l'aide de la loupe, ſur les facettes ſurnuméraires de l'octaèdre dont je viens de parler. Auſſi ces facettes ſont-elles préciſément de celles où les décroiſſemens des lames ſuivent la loi indiquée.

50. D'après les données que fournit cette loi, & en général la ſtructure de ce cryſtal, on peut déterminer, par le calcul, les angles plans du même cryſtal, dans le cas des facettes ſurnuméraires. Je me borne à donner le réſultat de ce calcul.

1°. Pour la facette *a o s i* (*fig. 37 & 39*), *i o s* = 87° 42′ 27″. *a o s* ou *a i s* = 110° 29′ 56″. *i a o* = 51° 19′ 1″.

2°. Pour le quadrilatère *s i m g* (*fig.* 37 & 40),
i m s = 90°. *m i s* ou *m g s* = 108° 25′ 48″. *g s i* =
53° 8′ 24″.

3°. Pour l'exagone *l r a b χ x* (*fig.* 38), *b a r* =
a b χ = 116° 33′ 54″. *l r a* = *b χ x* = 108° 26′.
r l x = *χ x l* = 135° 0′ 6″.

Le spath pesant est susceptible de plusieurs
autres variétés de formes, dont je ne dirai
qu'un mot. Ce spath se trouve crystallisé, par
exemple, tantôt en lames exagones, & tantôt
en lames rectangles, avec des biseaux sur les
bords; ce dernier porte le nom de *spath pesant* en tables. Il sera aisé, avec un peu d'attention, de ramener la structure de ces lames
à celle des crystaux octaèdres dont j'ai parlé,
& dont elles ne sont, pour ainsi dire, que des
segmens. On déterminera, avec la même facilité, la loi des décroissemens que subissent
les lames composantes, dans le cas où les crystaux ont sur leurs rebords des biseaux qui résul-
tent de ces mêmes décroissemens.

ARTICLE V.

Application aux spaths fluors-phosphoriques.

51. La plupart des crystaux de ce genre
ont une disposition encore plus prochaine que

les spaths pesans, à répandre une lumière au milieu de l'obscurité, puisqu'il suffit, pour leur faire produire cet effet, d'en jeter des fragmens sur des charbons ardens, sans aucune préparation.

Ce même genre de pierre, très-peu varié quant aux formes qu'il présente, est peut-être celui dont l'aspect est le plus susceptible de se diversifier, par les couleurs vives & multipliées dont la Nature a peint ses différens crystaux, & qui les ont fait assimiler au crystal de roche violet, & à la plupart des crystaux gemmes, sous les noms de *fausse améthiste*, *fausse émeraude*, *faux rubis*, &c.

Les formes des spaths fluors se réduisent à celle de l'octaèdre & à celle du cube, qui est la forme qu'il affecte le plus ordinairement, avec quelques modifications qui indiquent le passage d'une de ces formes à l'autre. Mais nous verrons bientôt que ces mêmes formes, si simples & si régulières, cachent une structure pour ainsi dire équivoque, & qui ne permet que d'assigner, par conjecture, la véritable figure des molécules constituantes de ces spaths.

Forme primitive.

SPATH FLUOR-PHOSPHORIQUE OCTAÈDRE.
Id. DAUBENT. *Tabl. minér.*

I 4

Développement. Huit triangles équilatéraux.

52. Les divers cryſtaux de forme primitive
dont nous avons conſidéré juſqu'ici la ſtructure , ne peuvent être diviſés qu'en petits
cryſtaux d'une forme unique , & qui a les
mêmes angles que le cryſtal entier. Il n'en
eſt pas de même de l'octaèdre des ſpaths fluors ;
de quelque manière qu'on y faſſe des ſections
pour détacher les parties qui le compoſent ,
il eſt impoſſible de ramener ces parties à l'unité
de figure , & la diviſion donne toujours au moins
des cryſtaux de deux formes , je veux dire des
octaèdres & des tétraèdres.

Soit *abnts* (*fig.*41) un octaèdre de ſpath
phoſphorique. Suppoſons que l'on faſſe paſſer
par les milieux *c*, *o*, *g*, *f*, *d*, &c., des arètes
de cet octaèdre , des plans coupans dirigés
parallèlement à ſes faces (ce qui eſt la ſeule
manière de diviſer le cryſtal par des coupes
nettes), les différentes ſections que l'on aura
faites , produiront ſix octaèdres partiels, dont
chacun ſe confondra par l'une de ſes pyramides
avec l'un des angles ſolides de l'octaèdre total , & huit tétraèdres à faces équilatérales ,
qui ſe réuniront par un de leurs angles ſolides
au centre de l'octaèdre total , avec les ſommets des pyramides inférieures des octaèdres

partiels. Les triangles *c o g, g r e, o h f,* &c., repréfentent les faces extérieures de ces tétraèdres.

De plus, chaque octaèdre partiel ayant une hauteur fous-double de celle de l'octaèdre total, fera $\frac{1}{8}$ de cet octaèdre, & chaque tétraèdre fera $\frac{1}{4}$ de l'un des octaèdres partiels.

Obfervons maintenant qu'en divifant un tétraèdre parallèlement à fes faces par des fections faites fur les moitiés des côtés de ces mêmes faces, on a quatre nouveaux tétraèdres, dont chacun eft $\frac{1}{8}$ du tétraèdre entier, plus un octaèdre qui eft la moitié du même tétraèdre.

Suppofons que, par de nouvelles coupes femblables à celles qui viennent d'être indiquées, on fous-divife les fix octaèdres & les huit tétraèdres que l'on avoit eus d'abord, en de nouveaux octaèdres & tétraèdres (auquel cas il eft facile de voir que chaque tétraèdre fera le quart d'un des octaèdres produits par la même divifion), les nombres d'octaèdres & de tétraèdres que l'on obtiendra fucceffivement, formeront deux fuites récurrentes; favoir :

pour les octaèdres, 6. 44. 344. 2736. 21856, &c.
& pour les tétraèdres, 8. 80. 672. 5440. 43648, &c.

Exprimons maintenant chacun des termes.

de ces deux féries, par une formule générale qui nous fera néceffaire dans la fuite. On peut obferver que, dans la férie fupérieure, un terme quelconque du rang n eft égal à huit fois le terme précédent, moins au nombre 2, élevé à la puiffance n. Cela pofé, le premier terme étant 6, on aura pour l'expreffion des différens termes de la férie,

$$6, 6.2^3 - 2^2, 6.2^6 - 2^5 - 2^3, 6.2^9 - 2^8 - 2^6 - 2^4 \ldots$$

& en général, l'expreffion d'un terme quelconque fera,

$$A = 6.2^{3n-3} - 2^{3n-4} - 2^{3n-6} - 2^{3n-8} \ldots - 2^n.$$

Or, les termes négatifs étant pris dans un ordre renverfé, forment une progreffion géométrique croiffante, dans laquelle le premier terme $a = 2^n$, le dernier terme $u = 2^{3n-4}$, & la raifon $q = 4$.

$$\text{Donc } s = \frac{qu - a}{q - 1} = \frac{4.2^{3n-4} - 2^n}{3} = \frac{2^{3n-2} - 2^n}{3}$$

$$= \frac{1}{12} 2^{3n} - \frac{1}{3} 2^n.$$

Donc, en fubftituant, l'on aura,

$$A = 6.2^{3n-3} - \frac{1}{12} 2^{3n} + \frac{1}{3} 2^n = \frac{6}{8} 2^{3n} - \frac{1}{12} 2^{3n}$$

$$+ \frac{1}{3} 2^n = \frac{2}{3} 2^{3n} + \frac{1}{3} 2^n = \frac{2}{3} 8^n + \frac{1}{3} 2^n.$$

A l'égard de la loi que fuivent les termes de la férie inférieure, on remarquera que chacun de ces termes eft égal au double du terme correfpondant de la férie fupérieure, moins au nombre 2 élevé à la puiffance $n+1$; d'où il fuit que l'expreffion générale d'un terme quelconque de cette férie eft,

$$B = \tfrac{4}{7} 8^n + \tfrac{2}{7} 2^n - 2^{n+1} = \tfrac{4}{7} 8^n + \tfrac{2}{7} 2^n - 2 \cdot 2^n = \tfrac{4}{7} 8^n - \tfrac{4}{7} 2^n = \tfrac{4}{7} (8^n - 2^n).$$

On peut encore retirer d'un octaèdre de fpath fluor, des parties d'une forme différente de celle de l'octaèdre & du tétraèdre : par exemple, des rhomboïdes dont les fix faces auront leur grand angle de 120°; mais ces rhomboïdes ne font eux-mêmes que des affemblages d'un octaèdre & de deux tétraèdres, appliqués fur deux faces oppofées de cet octaèdre. En général, les parties détachées du cryftal entier fe réduiront toujours, en dernière analyfe, à des octaèdres & à des tétraèdres, fans qu'il foit poffible, même par des fections fuppofées & purement idéales, de concevoir un octaèdre divifé en tétraèdres femblables à ceux dont il s'agit, c'eft-à-dire, dont les faces foient des triangles équilatéraux.

53. Si l'on s'en tenoit ici à la fimple apparence, il faudroit admettre dans le fpath fluor une ftructure mixte, & des molécules conftituantes de deux formes diverfes. Mais une

pareille suppofition eft également contraire
& à la raifon d'analogie qui fe tire de la
ftructure uniforme de tant d'autres cryftaux,
& à la fimplicité que tout nous porte à
reconnoître dans la compofition des corps
naturels. Je penfe donc qu'il en eft ici de
l'une des deux formes dont il s'agit, comme
des portions de cryftaux qui paroiffent exifter
fur les bords des lames compofantes dans les
cryftaux fecondaires; c'eft - à - dire, que les
tétraèdres ou les octaèdres fe trouveroient
nuls, fi nous pouvions pouffer la divifion
du fpath fluor jufqu'à fes molécules conftituantes. Ainfi, d'après cette conjecture, les
premiers octaèdres, formés par le groupe-
ment des molécules conftituantes, étoient
fimplement compofés, par exemple, foit de
fix petits octaèdres, foit de huit tétraèdres
réunis par les bords, & qui, fe groupant enfuite avec d'autres cryftaux de la même forme,
ont produit des octaèdres d'un certain volume, & dans lefquels les vuides, laiffés par
la non-exiftence des tétraèdres ou des octaèdres, font infenfibles par rapport à nous.

Comme on n'a jamais obfervé le fpath fluor
fous la forme du tétraèdre, tandis qu'on retrouve, dans ce genre de cryftaux, l'octaèdre
avec fes modifications; il fembleroit peut-être

plus naturel de penfer que les molécules de ce fpath font des octaèdres. Cependant la grande fimplicité de la figure du tétraèdre pourroit faire pencher auffi en faveur de cette même figure. Je ne déciderai point ici entre ces deux opinions ; j'efpère que les recherches que je me propofe de faire fur quelques autres cryftaux, dont la ftructure conduit à admettre de même des vacuoles dans leur intérieur, contribueront à répandre de nouvelles lumières, & à fixer nos idées fur le fait particulier dont il s'agit.

La quantité de vuide qui exifteroit dans un octaèdre de fpath fluor, fi la chofe étoit telle que je le fuppofe, ne peut faire une difficulté férieufe. Suppofons, pour un inftant, le cryftal fans vacuoles. Soit a^3 la folidité d'un des petits octaèdres compofans ; $\frac{1}{4} a^3$ repréfentera la folidité d'un des tétraèdres correfpondans ; d'où il eft aifé de conclure, d'après les formules trouvées plus haut, que la folidité de tous les octaèdres fera à celle des tétraèdres, comme $\frac{2}{3} a^3 8^n + \frac{1}{3} a^3 2^n$ eft à $\frac{1}{4} a^3 \left(\frac{4}{3} 8^n - \frac{4}{3} 2^n \right) = \frac{2}{3} a^3 8^n - \frac{1}{3} a^3 2^n$. Remarquons maintenant qu'à mefure que n augmente, la quantité $a^3 2^n$ devient plus petite, par rapport à la quantité $a^3 8^n$; en forte que fi l'on fait fucceffivement $n = 1$, $n = 2$, $n = 3$, &c., on aura $a^3\, 2^n = \frac{1}{4}\, a^3\, 8^n$, $a^3\, 2^n = \frac{1}{16}\, a^3\, 8^n$, $a^3\, 2^n = \frac{1}{64}\, a^3\, 8^n$, &c. ; & en général $a^3\, 2^n = \frac{1}{4^n}\, a^3\, 8^n$.

D'où il fuit que fi l'on repréfente par n le nombre qui répond à la dernière de toutes les divifions poffibles, ce nombre étant en quelque forte infini, la quantité $a^3\, 2^n$ pourra être confidérée comme prefque nulle, par rapport à la quantité $a^3\, 8^n$. Si donc l'on fuppofe que le cryftal ne foit compofé que d'octaèdres, la quantité de vuide fera à la quantité de matière à-peu-près dans le rapport de $\frac{1}{3}\, a^3\, 8^n$ à $\frac{2}{3}\, a^3\, 8^n$; c'eft-à-dire, qu'elle en fera prefque la moitié. Si l'on conçoit au contraire que les tétraèdres exiftent feuls, la quantité de vuide fera un peu plus que le double de la quantité de matière ; fuppofitions qui paroiffent très-admiffibles, lorfque l'on fait attention à la grande porofité des corps.

Forme fecondaire.

SPATH FLUOR-PHOSPHORIQUE CUBIQUE. *Id.* DAUBENT. *Tabl. minér.*

54. J'ai déjà fait voir (5) de quelle manière il falloit divifer un cube de fpath phofphorique pour en retirer le noyau octaèdre. Les lames qui recouvrent ce noyau font, comme je l'ai dit, les unes triangulaires, & les autres

exagones ; & fi l'on fait attention que ces lames ne peuvent être fous - divifées que par des fections parallèles aux faces du noyau , on concevra que , dans ce cas , leurs grandes faces fe trouveront partagées en un certain nombre de triangles équilatéraux , dont les uns, tels que *k, x, y* (*Pl. I, fig.* 2), repréfenteront des faces de petits octaèdres engagés dans l'épaiffeur des lames, & les autres, tels que *t, z*, repréfenteront des vuides interpofés entre ces octaèdres, ou *vice versâ;* en forte que les rebords *b c, d f, a e,* feront tout hé- riffés de petites pointes, que l'on appercevroit fur la furface du cube, fi nous avions des inf- trumens d'Optique affez parfaits.

55. A l'égard des décroiffemens que fubif- fent les lames de fuperpofition, il eft aifé de concevoir qu'ils n'ont lieu que par rapport aux côtés *b c, d f, a e* (*fig.* 2), qui correfpon- dent aux angles folides du noyau. Soit *a b d c* (*fig.* 42) une coupe géométrique du noyau, prife fur les hauteurs *a b, b d, d c, c a,* de quatre des faces de l'octaèdre. Cherchons la loi des décroiffemens qui fe font dans la partie qui répond à l'angle *a.* D'après le prin- cipe expofé ci-deffus (27), il faudra eftimer ces décroiffemens par rapport à un plan qui feroit de niveau avec la face triangulaire ,

dont *a b* eſt la hauteur, ou , ce qui revient au même , par rapport à la ligne *a n*, prolongement de *a b*. Soit menée *ah*, parallèle à *b c*, il eſt clair que les rebords des lames de ſuperpoſition feront contigus à cette ligne *a h*. Soit *ago* le triangle menſurateur ; dans le cas préſent. On aura *o g* égal à la hauteur d'une des faces d'une molécule élémentaire octaèdre. Mais de plus *og* eſt parallèle à *ab*; donc le triangle *ag o* eſt ſemblable au triangle *a b c*. D'où il réſulte que *a o* eſt auſſi la hauteur d'une des faces d'une molécule conſtituante. Si l'on termine le rhombe *a o g e*, il eſt aiſé de voir que ce rhombe repréſentera une coupe ſemblable à *a b d c*; d'où il faut conclure que les décroiſſemens ſe font par des ſouſtractions d'une rangée de petits octaèdres (*a*).

56. Quant au ſpath phoſphorique octaèdre cunéiforme , c'eſt-à-dire , dont les deux ſommets ſont en arête, au lieu d'être en pointe , on voit évidemment que ce cryſtal n'eſt autre choſe que le noyau du cube , alongé par une application de nouvelles lames triangulaires ,

---

(*a*) Si l'on ſuppoſoit que les molécules conſtituantes fuſſent des tétraèdres au lieu d'octaèdres, on trouveroit de même que les décroiſſemens ſe font par des ſouſtractions d'une rangée de ces tétraèdres.

faite

faire de deux côtés opposés de l'octaèdre fimple. Il fera également facile de concevoir la ftruc-ture de toutes les formes de cryftaux inter-médiaires entre celle de l'octaèdre & celle du cube ; par exemple, de celle qui a quatorze faces, favoir, fix quarrés & huit triangles équilatéraux qui remplacent les angles folides du cube. Tous ces paffages fe préfentent d'eux-mêmes, lorfqu'on divife un cube de fpath-fluor pour en extraire le noyau octaèdre.

57. La cryftallifation du fel marin offre les principales variétés que l'on obferve dans les cryftaux de fpath fluor-phofphorique. Mais l'identité de ces formes fe trouve jointe à une ftructure bien différente de part & d'au-tre, puifque le fpath-fluor n'eft compofé que d'octaèdres ou de tétraèdres, au lieu que le fel marin eft un affemblage de petits cubes ; en forte que la forme primitive de l'un de ces genres de cryftaux n'eft, par rapport à l'autre, qu'une forme fecondaire, *& vice versâ*. Chacun pourra faire aifément la com-paraifon de l'un avec l'autre, en rapprochant l'article précédent, de ce qui a été dit vers le commencement de cet Ouvrage (9) fur la ftructure du fel marin octaèdre.

K

ARTICLE VI.

Application aux cryſtaux de gypſe.

58. La ſtructure des cryſtaux de gypſe eſt en général peu compliquée, & ſe laiſſe entrevoir dans la plupart de leurs variétés par des indices plus ou moins ſenſibles. Il eſt rare qu'on n'y découvre pas des fractures propres à faire naître dans l'eſprit d'un Obſervateur, des idées ſur la figure & ſur la diſpoſition reſpective des parties conſtituantes de ces cryſtaux. Auſſi, dès l'année 1710, c'eſt-à-dire, dans un temps où l'étude de la Cryſtallographie étoit à peine naiſſante, M. de la Hire a-t-il donné à l'Académie un Mémoire ſur la ſtructure du gypſe en fer de lance de Montmartre ; & ſi les explications de ce ſavant Académicien ſont plus ingénieuſes que fondées, comme j'eſpère le prouver dans la ſuite de cet article, c'eſt que n'ayant ſous les yeux que des fragmens de ce même gypſe, & ne conſidérant qu'une partie iſolée d'un enſemble, où tout eſt lié par des rapports intimes & néceſſaires, il n'a pù parvenir aux inductions qui ſe tirent de la comparaiſon d'une forme

avec une autre, & qui fervent de guides pour ramener à une feule figure primitive toutes les différentes variétés d'une même forte de cryftal.

L'examen des cryftaux dont il s'agit ne m'ayant point offert jufqu'ici d'indications affez fûres pour que je puffe déterminer avec une certaine précifion la valeur de leurs angles, j'ai mefuré les principaux de ces angles avec tout le foin poffible, & j'ai déduit enfuite de ces mefures, à l'aide du calcul, celles des autres angles qui en dépendent, en pouffant l'approximation feulement jufqu'aux minutes de degré.

Forme primitive.

GYPSE EN LAMES RHOMBOÏDALES. Gypfe en cryftaux rhomboïdaux, DAUBENT. *Tabl. minér.*

Développement. Deux parallélogrammes obliquangles A B C D (*Pl. V, fig.* 43), & fix rectangles. Angles du parallélogramme B A D = B C D = 113°, A D C = A B C = 67°.

59. Les lames dont il s'agit fe fous-divifent, comme tous les autres cryftaux de forme primitive, par des fections parallèles à leurs différentes faces; mais les coupes qui fe font

parallèlement aux grandes faces obliquangles,
font bien plus nettes que les fections latérales que l'on peut faire dans les autres fens.

Quant aux molécules conftituantes dont ces
lames ne font que des affemblages, on verra
plus bas quels font les moyens que j'ai em-
ployés pour découvrir la vraie forme de ces
molécules, qui eft celle d'un parallélipipède,
ou d'un prifme droit quadrangulaire, dont les
bafes font des parallélogrammes obliquangles,
ayant auffi leurs angles de 113° & de 67°,
& leurs côtés dans le rapport de 12 à 13, &
dont les faces latérales font des rectangles,
dans lefquels le côté qui mefure la hauteur du
prifme eft comme 32.

- Forme fecondaire.

GYPSE A DIX FACES. (*fig.* 47). *Id.* DAUBENT.
Tabl. minér.

Développement. Deux parallélogrammes
obliquangles *s o d p* (*fig.* 44). Quatre grands
trapèzes *p d g m* (*fig.* 45). Quatre petits trapèzes
d o n g (*fig.* 46).

Angles du parallélogramme *p s o* = *o d p* =
127°. *s p d* = *s o d* = 53°.

Angles du grand trapèze *p m g* = 43° 27'.
d g m = 59° 28'. *d p m* = 136° 33'. *p d g* = 120°
32'.

'Angles du petit trapèze $dgn = 84°\ 48'$. $bdg = 95°\ 12'$. $don = 127°\ 22'$. $ong = 52°\ 38'$.

60. Le cryſtal décaèdre, qui eſt l'objet de cet article, & dont tous les autres cryſtaux de gypſe ne ſont que des variétés, ſe trouve communément dans les carrières de Montmartre & des environs. Les parallélogrammes obliquangles, dont l'un eſt repréſenté (*fig.* 44), forment deux faces oppoſées de ce cryſtal. Les quatre grands trapèzes ſont réunis deux à deux, comme les repréſentent $p\,m\,g\,d$, $m\,g\,a\,r$ (*fig.* 47); en ſorte que leur inclinaiſon ſur l'arète mg, & ſur celle qui lui eſt oppoſée, forme en cet endroit un angle très-obtus. Les quatre petits trapèzes ſont pareillement réunis deux à deux aux extrémités du cryſtal, où ils forment par leur inclinaiſon ſur l'arète gn, & ſur celle qui ſe trouve dans la partie oppoſée, des angles moins obtus que les précédens.

Le décaèdre dont il s'agit ſe diviſe d'abord parallèlement à ſes deux faces rhomboïdales. Si l'on ſuppoſe la diviſion faite ſucceſſivement des deux côtés oppoſés, on détachera des lames qui toutes auront les mêmes angles, & qui iront en croiſſant graduellement juſqu'à celle du milieu, qui eſt la plus grande de toutes.

Quant aux parties compoſantes de ces lames, elles ont entr'elles une adhérence qui ne permet pas de les ſéparer avec la même facilité. Le moyen le plus avantageux pour appercevoir les petits parallélogrammes obliquangles dont ces mêmes lames font l'aſſemblage, eſt de frapper deſſus à pluſieurs repriſés avec quelque corps dur : alors les lignes de ſéparation ſe manifeſteront ; & en faiſant un léger effort comme pour rompre la lame, on vaincra aiſément l'adhérence de ſes parties compoſantes. On peut encore placer cette lame ſur une pelle chaude, juſqu'à ce que la matière gypſeuſe ſoit devenue toute blanche par l'action du feu ; lorſqu'on l'aura retirée, on appercevra diſtinctement pluſieurs fragmens ou petites lames ayant la forme primitive, qui ſe feront détachées d'elles - mêmes par l'exfoliation ; & l'on pourra s'en procurer un plus grand nombre, en frappant avec précaution ſur cette même lame calcinée.

Le grand angle de chaque lame étant, comme je l'ai dit, de 127°, & le petit angle de 53°, ſi l'on ſous-diviſe une de ces lames, on la voit ſe partager en parallélogrammes

obliquangles, tels que *b r p g* (*fig.* 48), dif-
posés de manière qu'ils ont leurs grands côtés
b r, gp, alignés dans le même sens que les
petits côtés *a e, l i* de la grande lame dont
ils font partie, & leurs petits côtés *b g, r p,*
opposés aux angles aigus de la même lame.
En imaginant la division poussée jusqu'au point ·
où ces parallélogrammes seroient les faces
des molécules constituantes, on concevra que
tous les espaces triangulaires, disposés le long
des côtés *a l, e i,* se trouvent vuides par la
souftraction d'un nombre égal de molécules.

Le noyau du gypse dont nous considérons
ici la structure, est indiqué par le parallélogramme *h t s f,* qui représente une de ses
bases.

Chacun des espaces triangulaires *a g b, b r c,*
est évidemment égal à la moitié de chacun
des parallélogrammes de forme primitive ; en
sorte que la base *a b* ou *b c* du triangle est
elle-même égale à la petite diagonale *r x* d'un
de ces parallélogrammes. L'angle *b a g,* mesuré
avec soin, est, à très-peu de chose près, de
53°, & l'angle *a b g* est de 60°. Il suit de
ces valeurs que les deux côtés *b g, a g,* opposés l'un à l'angle de 53° & l'autre à l'angle de 60°, font entr'eux comme les sinus de
ces mêmes angles, c'est - à - dire, comme les

nombres 7986, & 8660. Or, ces nombres eux-mêmes font dans le rapport de 12 à 13 $+ \frac{51}{3993}$; laquelle fraction peut être négligée ici, puifqu'elle ne vaut pas $\frac{1}{78}$. Mais les côtés $b g$, $a g$ du triangle $a b g$ étant proportionnels aux côtés $t h$, $t s$ de la bafe $t h f s$ du noyau, il s'enfuit que ces derniers font auffi entr'eux à-peu-près comme les nombres 12 & 13; & par conféquent les bafes du prifme qui repréfente les molécules conftituantes du gypfe, font des rhombes un peu alongés, ainfi que je l'ai dit plus haut (59).

61. Cherchons maintenant la loi des décroiffemens que fubiffent les lames de fuperpofition. Si l'on mefure l'angle que forment par leur inclinaifon les grandes faces en trapèze du cryftal fur l'arète $m g$ (*fig*. 47), ou fur celle qui lui eft oppofée, on trouve cet angle de 144°. Soit $r o g$ (*fig*. 49), le triangle menfurateur; l'angle $r g o$, égal à la moitié du précédent, fera par conféquent de 72°. De plus, $r o$ fera la hauteur d'un des petits prifmes qui forment les molécules conftituantes; & quant à $o g$, ce qui fe préfente de plus naturel, eft de fuppofer qu'il eft égal à la hauteur $o g$ (*fig*. 48) d'un des efpaces triangulaires $a b g$; auquel cas les décroiffemens dont il s'agit ici, favoir ceux qui ont lieu

fur les bords *a l*, *e i*, fe feront par des fouftractions d'une rangée de molécules conftituantes. En effet, il fuit de cette fuppofition, comme nous le verrons bientôt, que
les décroiffemens fe font fur les bords *a e*, *l i*,
par des fouftractions d'une double rangée de
molécules : ce qui eft analogue aux loix déjà
obfervées dans d'autres cryftaux.

Quoique les coupes latérales, qui fe font
dans le cryftal, ne foient point affez nettes (60)
pour que l'on puiffe diftinguer fi les rebords de
ces ames font inclinés ou non fur leurs grandes
faces, je fuppofe ici que les molécules conftituantes font des prifmes droits ; car tout eft
parfaitement femblable des deux côtés oppofés
du cryftal, ce qui indique de part & d'autre
des décroiffemens égaux. Or, cette égalité
ne pourroit avoir lieu, fi les petits prifmes
dont il s'agit étoient obliques, parce que
leurs rebords faifant d'une part un angle aigu,
& de l'autre un angle obtus avec les faces
des lames fur lefquelles ces prifmes repofe-
roient par leurs bafes inférieures, les faces du
cryftal, compofées de la fomme de ces mêmes
rebords, ne pourroient former de chaque
côté des angles égaux, foit entr'elles, foit avec
les autres parties du cryftal.

Pour réfoudre le triangle *o r g* (*fig.* 49),

il faut d'abord connoître *o g*. Confidérons cette même ligne dans le triangle *a o g* (*fig.* 48). Nous avons l'angle *a* de 53°, l'angle *o* de 90°, & le côté *a g* = 8660 (60). Réfolvant ce triangle, on trouvera le nombre 3839866 5 pour le logarithme de *o g*.

Il eft facile maintenant de réfoudre le triangle *o r g* (*fig.* 49), à l'aide de ce logarithme, & des angles *g* = 72° & *r* = 18°. On trouvera pour le logarithme de *o r* le nombre 4328090 4, qui répond à 2 1290. Ce dernier nombre exprime la hauteur *o r* d'un des prifmes qui donnent les molécules conftituantes. Comparant cette hauteur avec le côté *b g* (*fig.* 48), dont l'expreffion eft 7986 (60), on trouvera que le rapport de l'un à l'autre eft celui de 12 à 32 à moins d'un $\frac{1}{100}$ près, comme je l'ai déjà indiqué (59).

Paffons à la loi des décroiffemens que fubiffent les lames compofantes du côté des petites faces du cryftal. L'angle que forment entr'elles ces faces, en s'inclinant l'une fur l'autre, eft, à vue d'œil, beaucoup moins obtus que celui des grandes faces; ce qui indique que les décroiffemens fe font, dans le cas préfent, par des fouftractions d'une double rangée de molécules.

Soit *c p d* (*fig.* 50), le triangle menfurateur

pour le cas dont il s'agit ; il faut d'abord chercher la valeur de *c d*. Or, d'après la loi de décroissement suppofée, il eſt facile de voir que *c d* eſt double de *b n* (*fig.* 48), menée perpendiculairement de l'angle *b* fur le côté *a g*.

Dans le triangle *b n g*, nous avons l'angle *g* = 67°., l'angle *n* = 90°, & *b g* = 76 8 6 (60). Réfolvant ce triangle, il viendra 3 8 6 6 3 5 5 4 pour le logarithme de *b n*. Ajoutant à ce logarithme celui de 2, nous aurons 4 1 6 7 3 8 5 4 pour le logarithme de *c d*.

Maintenant, dans le triangle *c p d* (*fig.* 50), on connoît *c p* = *o r* (*fig.* 49), dont le logarithme eſt 4 3 2 8 0 9 0 4, comme nous l'avons trouvé ci-deſſus. A l'aide de ce logarithme, & de celui de *c d*, & de plus, faifant attention que l'angle *c* eſt droit, on trouvera pour le logarithme de la tangente de *c d p* le nombre 1 0 1 6 0 7 0 5 0, qui répond à l'angle de 55° 22' ; d'où l'on conclura que l'angle des faces cherché eſt de 110° 44'. Or, l'obfervation donnant le même angle, il en réfulte que la loi de décroiſſement que nous avons fuppofée eſt celle à laquelle eſt aſſujettie la formation du cryſtal.

62. La valeur des angles plans du même cryſtal fe déduit facilement des calculs pré-

cédens. Commençons par celle des angles du trapèze $p\,m\,g\,d$ (*fig.* 47). Ayant mené $p\,u$ perpendiculaire fur $m\,g$, $p\,k$ perpendiculaire par rapport à l'une quelconque des grandes faces des lames de fuperpofition, & $u\,k$ auffi perpendiculaire fur $p\,k$, nous aurons le triangle $p\,u\,k$ femblable au triangle $r\,g\,o$ (*fig.* 49). Cherchant dans ce dernier triangle le côté $g\,r$, d'après les données qui font indiquées plus haut (61), on trouvera pour fon logarithme le nombre 4349884 1, qui par conféquent peut auffi repréfenter le logarithme de $p\,u$. (*fig.* 47).

Maintenant, fi l'on fait attention que tandis qu'il n'y a qu'une rangée de molécules fouftraite fur le bord $a\,l$ (*fig.* 48) d'une des lames compofantes, il fe fait une double fouftraction fur le bord $a\,e$, on concevra que $g\,o$ ou fon égal $x\,z$, mefurant les décroiffemens qui fe font fur le bord $a\,l$, la ligne $a\,z$ exprimera la quantité dont ce même bord feroit diminué pour la fouftraction des deux rangées de molécules renfermées entre les lignes $a\,e$, $e\,f$. Donc la valeur de $a\,z$ pourra repréfenter celle de $m\,u$ (*fig.* 47). Or, $a\,z = a\,b + b\,c + c\,z = 2\,a\,b + a\,o$. Pour trouver $a\,b$, on confidérera le triangle $a\,b\,n$, dans lequel on connoît l'angle a de 53°, l'angle n

de 90°, & le côté *b n*, dont le logarithme
eft 3 8 6 6 3 5 5 4, comme nous l'avons trouvé
(61). Cela pofé, il viendra pour le logarithme de *a b* le nombre 3 9 6 4 0 0 6 8, qui
répond à 9204, valeur de *a b*. Donc *a c* =
1 8 4 0 8. Maintenant, dans le triangle *a g o*,
on connoît l'angle *a* de 53°, l'angle *o* qui
eft droit, & le logarithme de *g o* = 3 8 3 9 8 6 6 5,
ainfi que nous l'avons vu (61). Ce triangle
réfolu donne pour le logarithme de *a o* le
nombre 3 7 1 6 9 8 0 9, qui répond à 5 2 1 1,
valeur de *a o*. Donc *a z* = 18408 + 5211,
= 23619. Cette valeur fera auffi celle de *m u*
(*fig.* 47), & l'on trouvera pour fon logarithme
le nombre 4 3 7 3 2 6 1 6.

Réfolvant le triangle rectangle *p m u*,
d'après les données précédentes, on aura pour
le logarithme de la tangente de *p m u* le
nombre 9 9 7 6 6 2 2 5, qui répond à 43° 27′,
valeur de *p m u ;* d'où l'on conclura que l'angle
m p d = 136° 33′.

Cherchons auffi les angles *d*, *g*, du même
quadrilatère. Ayant abaiffé *d b* perpendiculaire fur *m g*, on aura *log. d b* = *l o g. p u*
= 4 3 4 9 8 8 4 1. De plus, il eft facile de voir,
avec un peu d'attention, que *a z* (*fig.* 48),
repréfentant la quantité dont le bord *a l* eft
diminué par la fouftraction des deux rangées

de molécules comprifes entre $a\,e$, $c\,f$, la ligne $l\,h$, ou fon égale $t\,\zeta$, exprimera la quantité dont le même bord eft diminué par la fouftraction correfpondante des deux rangées de molécules renfermées entre $l\,i$, $t\,y$. Donc la valeur de $t\,\zeta$ peut repréfenter celle de $b\,g$ (*fig.* 47). Or, $t\,\zeta = c\,t - c\,\zeta = a\,c - a\,o = $ 18408 — 5211 = 13197, quantité dont le logarithme eft 4120475'2, qui par conféquent fera auffi celui de $b\,g$ (*fig.* 47). Le triangle rectangle $d\,b\,g$ étant réfolu d'après ces données, il viendra pour la tangente de l'angle $d\,g\,b$ le nombre 10229089, qui répond à 59° 28′, valeur de $d\,g\,b$; d'où il fuit que l'angle $g\,d\,p$ eft de 120° 32′.

Il ne refte plus qu'à trouver les angles des trapèzes $d\,o\,n\,g$. Soient abaiffées $d\,e$, $o\,y$, perpendiculaires fur $g\,n$, il eft facile de voir que la valeur de chacune de ces lignes fera repréfentée par celle de $p\,d$ (*fig.* 50). Or, en achevant de réfoudre le triangle $p\,c\,d$, dont nous nous fommes déjà occupés ci-deffus, on trouvera pour le logarithme de $p\,d$ le nombre 4412790'5, qui fera auffi le logarithme de $d\,e$, ou $o\,y$ (*fig.* 47).

On cherchera auffi $d\,g$, & $o\,n = p\,m$ (*fig.* 47), à l'aide des triangles $d\,b\,g$, $p\,m\,u$, & l'on aura $log.\,dg = $ 4414577'7, & $log.\,on = $

log. pm = 45124716. Réfolvant, d'après ces données, les triangles rectangles *d g e*, *o y n*, on trouvera pour le logarithme du finus de l'angle *g* le nombre 99982128, qui répond à 84° 48'; & pour le logarithme du finus de l'angle *n* le nombre 99003189, qui répond à 52° 38'. D'où il fuit que l'angle *d* = 95° 12', & l'angle *o* = 127° 22' (*a*).

63. Le parallélogramme *a e i l* (*fig.* 48), qui repréfente les grandes faces des lames du gypfe décaèdre dont je viens d'expliquer la ftructure, eft fujet à des variations de figure, produites le plus fouvent par le défaut des angles *a* & *i*. Il arrive alors que les lames compofantes prennent des figures arrondies, telles que *n e h t l m* (*fig.* 51). Dans ce cas, la forme des cryftaux fubit elle-même des changemens plus ou moins confidérables.

Ces arrondiffemens, que l'on doit regarder comme des efpèces de décroiffemens, fe font fans doute par des fouftractions de molécules

---

(*a*) Les valeurs de ces logarithmes varient un peu, fuivant les différentes analogies d'après lefquelles on peut les déterminer; mais ces variations ne tombant que fur les dernières décimales, n'influent pas fenfiblement fur les réfultats.

conftituantes ; & fi ces fouftractions étoient
variables dans la proportion néceffaire pour
que les ordonnées de la courbe fuffent dans
un rapport conftant avec les abfciffes , on
pourroit déterminer la nature de cette courbe :
mais comme les arrondiffemens dont il s'agit
prennent une multitude de courbures différentes par rapport aux divers cryftaux d'une
même forte , il paroît impoffible de rien établir de fixe à cet égard, & il faut les regarder
comme l'effet d'une cryftallifation confufe &
précipitée , dont on peut tout au plus affiguer
le rapport en général avec les formes nettes
& bien prononcées, dont elle n'offre , pour
ainfi dire, que des traits ébauchés & impar-
faits.

S'il ne fe fait qu'un léger arrondiffement
vers les angles *a*, *b* (*fig.* 51) , en forte que
le parallélogramme obliquangle *a d b c* prenne
une figure femblable à *f c p d* ; dans ce cas ,
il fe formera vers chacun des deux fommets
du cryftal une face curviligne adoffée aux
deux faces planes en trapèzes : ce qui donnera
à ces fommets l'afpect de deux pyramides à
trois faces, dont celle qui eft courbe forme
quelquefois un arc bien arrondi , & d'autres
fois à peine fenfible, felon que les lames de
fuperpofition

superpofition font elles-mêmes plus ou moins arrondies par leurs petits angles. On trouve à Montmartre des cryftaux de cette variété.

Les lames dont il s'agit, en prenant des figures plus arrondies, telles que *e h t l m n* (*fig. 51*), produiront des formes encore plus éloignées de celle du cryftal décaèdre, & qui peuvent fe modifier de diverfes manières, mais dans lefquelles il fera facile, avec un peu d'attention, de reconnoître les traces de la forme primitive.

Enfin, fi toutes les lames ont conftamment une figure femblable à *g s r x* (*fig. 51*), laquelle eft compofée de deux fegmens de courbe réunis par leurs cordes, & fi ces lames vont en décroiffant de part & d'autre de celle du milieu, il réfultera de leur affemblage un cryftal de forme lenticulaire à peu-près tel que ceux qu'offre le fpath calcaire à fommets très-obtus, dont les angles & les bords font émouffés, mais qui aura une ftruêture très-différente de celle des cryftaux fpathiques dont il s'agit.

Toutes les variétés de cryftaux que je viens de décrire font fujettes à fe grouper; & dans ce cas, les cryftaux fe regardent ordinairement par les faces qui font compofées de la fomme des grands bords de leurs lames. On

fait que ceux qu'on appelle cunéiformes ne
font autre chofe que des portions de deux
cryftaux lenticulaires, accolées enfemble par
une de leurs faces, qui fe trouve plane à
l'endroit de la jonction. Il arrive affez fouvent
que les coupes de ces fragmens cunéiformes
repréfentent à-peu-près deux triangles fcalènes.
La feule infpection de la *figure* 52 fuffit pour
faire connoître le rapport des triangles *b a d*,
c a d dont il s'agit, aux parallélogrammes *b g d l*,
c g d m, dont ces triangles font des fegmens.
Les bords *b d*, *c d* de ces fegmens ont toujours un poli terne, & font même quelquefois
tout hériffés de petites afpérités, qui indiquent les fouftractions de tous les petits prifmes
rhomboïdaux, qui auroient terminé les parallélogrammes, dans le cas d'une cryftallifation
plus parfaite.

64. M. de la Hire (*a*) confidéroit chacun
de ces triangles comme un affemblage d'élémens, qui étoient eux-mêmes des triangles
fcalènes, tels que *a b r* (*fig.* 53), dont les
angles étoient de 70, 60 & 50 degrés. Selon
ce Savant, ces triangles étoient difpofés
comme dans la *figure* citée; c'eft-à-dire, que
ceux qui étoient placés à droite, tels que

____

(*a*) Mémoires de l'Académie des Sciences, ann. 1710.

b a r, n'avoient point leur angle de 60° situé au point *b*, ni diagonalement oppofé à l'angle de même valeur dans le triangle à gauche *a e r*, comme on l'obferve par rapport à l'angle *s* du triangle *a p s*: mais l'angle au point *b* étoit le plus petit des trois angles du triangle *a b r*, c'eft-à-dire, de 50° ; en forte que la ligne *b r* convergeoit avec la ligne *a e*, au lieu de lui être parallèle comme *s p*, & que ces deux lignes formoient à leur réunion en *c* un angle de 10 degrés. Tous les angles dont il s'agit ont en effet, à quelque chofe près, les mefures indiquées par M. de la Hire. Cette idée du renverfement des triangles élémentaires, qui ont leur bafe fur la ligne *b c*, eft, comme je l'ai obfervé, très-ingénieufe, & paroît d'abord fournir l'explication la plus vraifemblable de la ftructure des fragmens de gypfe dont il s'agit. Mais lorfque l'on rapporte ces fragmens aux cryftaux lenticulaires dont ils ont dû faire partie, & que l'on a fous les yeux tous les paffages & toutes les dégradations de forme qui conduifent d'une variété à l'autre, on reconnoît que l'hypothèfe de M. de la Hire, quoique féduifante, n'eft point conforme à l'ouvrage de la Nature. C'eft fur quoi il eft néceffaire d'entrer dans un plus grand détail.

L 2

Soit *b d c a* (*fig. 52*), un fragment de gypſe cunéiforme. J'ai déjà obſervé que ce fragment faiſoit originairement partie de deux cryſtaux lenticulaires, accolés par une de leurs ſurfaces. Auſſi les côtés *b d*, *c d*, ſont-ils réellement curvilignes, quoiqu'aſſez ſouvent leur courbure ne ſoit pas fort ſenſible (*a*). M. de la Hire lui-même avoit remarqué cette courbure. Si l'on frappe ſur une lame détachée du fragment par une ſection parallèle à l'une de ſes grandes faces, les fractures ſe manifeſteront par des lignes anguleuſes *p ar*, *p s r*, &c. L'angle *p ar* eſt de 106°, & l'angle *ps r* de 120°. Diviſant par 2 chacun de ces angles, pour avoir ceux du triangle *a s p* ou *a s r*, on trouve que l'angle *p s a* ou *r s a* eſt de 60°, & l'angle *p a s* ou *s a r* de 53° : d'où il ſuit que *a p s* ou *a r s* eſt de 70°; ce qui s'accorde avec les meſures priſes ſur le gypſe décaèdre (60). Ces valeurs diffèrent ſenſiblement de celles qui ſont indiquées par M. de la Hire. Mais en employant les moyens les plus exacts que j'aie pu imaginer, & en réitérant les opérations ſur un grand

---

(1) On obſerve même communément une légère courbure dans les côtés *a b*, *a c*.

nombre de fragmens, j'ai toujours trouvé les mêmes réfultats, à quelques légères différences près.

On voit, par cet expofé, que les triangles *b a d*, *c a d*, doivent être regardés comme des fegmens de deux parallélogrammes *b g d l*, *g c m d*, accolés comme le repréfente la figure. Le côté *g d*, par lequel les triangles font contigus l'un à l'autre, eft toujours une ligne droite. Les deux autres côtés prennent des courbures plus ou moins fenfibles ; & l'on doit concevoir que ces côtés ne font que la fomme des angles extérieurs d'une multitude de molécules conftituantes, entre lefquèlles il refte de petits vuides triangulaires, occafionnés par la fuppreffion d'un certain nombre de molécules. Ce fait eft analogue à celui qui a lieu pour le décroiffement des lames de fuperpofition, excepté que, dans ce dernier cas, l'opération de la Nature eft plus régulière & plus également graduée.

Ce n'eft donc que par accident que les triangles *c f h*, *u t x*, &c., qui fe trouvent fur le côté curviligne *c d*, ont à-peu-près des angles égaux à ceux des triangles *a e n*, *n o s*, &c., & ne paroiffent autre chofe que des élémens femblables à ces mêmes triangles, mais difpofés dans une fituation renverfée.

'Au fond, les deux angles extérieurs des triangles *c f h*, *r o u*, &c., font fujets à une multitude de variations, à caufe de la courbure de la ligne *c d*. Ces variations n'ont point échappé à M. de la Hire; mais il les regardoit comme de fimples jeux de la Nature. En un mot, fa théorie péchoit, en ce qu'il penfoit que chacun des triangles extérieurs, tels que *c f h*, étoit originairement égal à la moitié d'un parallélogramme *e n o r* de figure primitive; au lieu que ce triangle n'eft autre chofe qu'un fegment irrégulier d'un parallélogramme, qui eft demeuré incomplet par le défaut d'une partie des molécules qui devoient concourir à fa formation.

65. On trouve à Saint-Germain-en-Laye, & ailleurs, des cryftaux de gypfe décaèdre femblables à celui qui a été décrit plus haut (60), excepté que l'ordre des trapèzes eft renverfé; c'eft-à-dire, que ceux qui étoient les plus grands dans la première variété, font les plus petits dans celle dont il s'agit ici, *& vice versâ.*

Il y a des cryftaux de cette même variété qui n'ont que huit faces, & qui peuvent être confidérés comme des prifmes applatis & obliques, dont les pans, au nombre de fix,

font des parallélogrammes obliquangles , &
dont les bafes font des exagones alongés.
Pour concevoir la ftructure de ce cryftal, il
faut fuppofer que toutes les grandes lames
rhomboïdales dont il eft formé ont une longueur conftante, & décroiffent feulement en
largeur.

Le gypfe à huit faces fert de paffage à
d'autres variétés. Il arrive quelquefois, par
exemple, que le triangle $a c e$ (*fig. 54*) man-
que dans les parallélogrammes $a b g h$, qui
repréfentent les grandes faces des lames compofantes, & qu'en même temps le cryftal fe
trouve engagé dans fa matrice par fon extrémité inférieure. Alors il fe forme au fommet
une facette furnuméraire , compofée de la
fomme de tous les bords femblables à $c e$, &
les deux grandes faces du prifme deviennent
des pentagones, tels que $c e n p h$.

66. Concevons de nouveau un cryftal de
gypfe à huit faces, & fuppofons que, fur les
deux lames extrêmes de fuperpofition femblables au parallélogramme $a b g h$ (*fig. 54*),
c'eft-à-dire, fur celles qui forment les deux
grandes faces oppofées du prifme, il fe foit
appliqué de nouvelles lames, toujours conftantes dans leur hauteur $c m$, & qui décroif-

fent feulement en largeur, jufqu'à ce qu'elles
foient réduites à une fimple arête. Dans ce
cas, les exagones, qui terminent le prifme,
fe changeront en rhombes *a d b g* (*fig.* 55),
les deux grandes faces du même prifme difparoîtront, & les quatre autres, telles que
d b f e, *b g h f*, &c., qui fe feront accrues en
largeur, formeront les pans d'un prifme té-
tragone & oblique. J'ai obfervé cette variété
parmi de petits cryftaux qui occupoient la cavité d'une géode gypfeufe.

  Quelques - uns des cryftaux dont il s'agit
fe rapprochoient de la forme arrondie des
cryftaux lenticulaires, & fubiffoient encore
d'autres modifications de forme que je ne
m'arrêterai point à détailler. En général, il
n'y a peut-être point de minéral dont les cryftaux foient plus fujets à fe déformer que le
gypfe; ce qui fuppofe une multiplicité d'accidens & d'actions perturbatrices dans la cryftallifation de cette efpèce de fubftance ano-
male.

ARTICLE VII.

Application aux Cryſtaux de Grenats.

67. LES cryſtaux de ce genre ſe refuſent, pour l'ordinaire (*a*), par leur dureté, aux différentes ſections que l'on tenteroit d'y faire pour en détacher des lames qui euſſent le poli naturel. Mais en appliquant ici la théorie que

---

(*a*) Je dis *pour l'ordinaire* ; car j'ai obtenu, dans des grenats dodécaèdres, des ſections nettes, & d'un aſſez beau poli, faites parallèlement à leurs faces thomboïdales ; ce qui vient à l'appui de la théorie qui ſera expoſée dans cet article. Ces ſections prouvent encore évidemment que les grenats dont il s'agit ne peuvent avoir la même ſtructure, ni les mêmes molécules compoſantes, que les cryſtaux dodécaèdres dont j'ai parlé N°. 8, & qui reſſemblen: à des grenats, excepté qu'ils ſont aſſez ſouvent d'une couleur verdâtre, & que les ſtries qui ſillonnent leurs faces, indiquent, ainſi que je l'ai expliqué au même endroit, qu'ils ſont compoſés de molécules cubiques. Or, des cryſtaux dont les molécules ſont eſſentiellement différentes de celles des grenats reconnus pour tels, ne peuvent être du même genre ; & il faut néceſſairement que ceux dont je viens de parler ſoient, comme je l'ai dit, d'une nature particulière. (*Voyez pag.* 59, *Note* 1).

j'ai déduite des obſervations faites ſur les cryſtaux qui ſe laiſſent facilement entamer, & en profitant des indices extérieurs de cryſtallifation, qui annoncent la poſition des lames, je crois être parvenu à expliquer la ſtructure des grenats de la manière la plus vraiſemblable.

Forme primitive.

GRENAT DODÉCAÈDRE *(Pl. VI, fig. 56).* Grenat à douze faces. DAUBENT. *Tableau minér.*

Développement. Douze rhombes égaux & ſemblables entr'eux. L'angle obtus *a c d* ou *a b d* de ces rhombes *(fig. 57)*, eſt de 109° 28ʹ 16ʺ; & l'angle aigu *b a c* ou *b d c* = 70° 31ʹ 44ʺ.

68. Le grenat dont il s'agit peut être conſidéré comme un aſſemblage de quatre rhomboïdes, ayant leurs angles plans égaux à ceux du rhombe *a b d c*, & diſpoſés de manière qu'ils ont un de leurs ſommets obtus au centre du dodécaèdre, & l'autre ſommet à découvert (*a*). Les trois rhombes qui ſe

---

(*a*) Cette manière de concevoir la ſtructure des grenats, que j'ai vue depuis expoſée ailleurs, ſe trouve dans un Mémoire que j'ai préſenté à l'Académie, ſur ce genre de cryſtaux, vers la fin de l'année 1780.

réunissent pour former un de ces derniers sommets, sont représentés par *a b dc, c a o n, c d e n* (*fig.* 56). Chacun de ces mêmes rhomboïdes doit être censé divisible en un nombre cubique de petits rhomboïdes égaux entr'eux, & semblables à celui dont ils font partie ; d'où il suit que le grenat dodécaèdre est aussi l'assemblage d'une multitude de ces petits crystaux. Mais il est très-vraisemblable que si l'on pouvoit faire dans le grenat des coupes nettes, & qui eussent le poli de la Nature, les petits rhomboïdes dont il s'agit se sous-diviseroient encore en d'autres solides plus petits, & d'une forme différente, qui seroient des tétraèdres tous égaux & semblables entre eux. Voici les raisons sur lesquelles cette vue est fondée.

J'ai d'abord observé, en général, par rapport à tous les crystaux qui se laissent entamer, que leur noyau étoit toujours divisible parallèlement à ses différentes faces ; & l'analogie nous porte à croire qu'il en seroit de même du noyau dodécaèdre des grenats, s'il se prêtoit à une division mécanique (*a*).

____

(*a*) Cette division a quelquefois lieu, jusqu'à un certain point, comme je l'ai dit dans la *Note du N°.* 67.

De plus, on trouve de ces grenats qui font incomplets, de la même manière que fi l'on en eût détaché une lame par une fection parallèle à l'une de leurs faces. La coupe de ces grenats préfente alors une face exagone, qui a quatre grands côtés & deux petits; ce que l'on concevra, en jettant les yeux fur un grenat dodécaèdre parfait, & en le fuppofant coupé, comme je viens de l'expliquer. Or, il eft très-probable que l'Art auroit pu opérer, à l'aide d'une divifion mécanique, le même retranchement qui a lieu ici par une modification des loix de la Nature, fi le cryftal eût été divifible.

Concevons donc que l'on ait fait dans un grenat dodécaèdre différentes fections parallèles à fes douze faces. Il eft aifé de voir que ces fections diviferont les petits rhomboïdes dont le dodécaèdre eft cenfé compofé, de manière qu'elles pafferont par les petites diagonales des faces oppofées de ces mêmes rhomboïdes. Or, en divifant un rhomboïde, comme il vient d'être dit, on en retire fix tétraèdres égaux & femblables, & dont les faces font pareillement femblables & égales entr'elles. Deux de ces faces ont pour côtés l'axe du rhomboïde, la petite diagonale d'un des rhombes, & le côté du rhombe adjacent dans l'autre partie du cryſtal (a). Les deux autres faces ſont exactement les moitiés des mêmes rhombes, en ſuppoſant ceux-ci diviſés dans le ſens de leur petite diagonale.

Les tétraèdres dont il s'agit me ſemblent être les véritables molécules conſtituantes des grenats. Ce qui confirme cette hypothèſe, c'eſt qu'on ne peut, ſans y avoir recours, expliquer, ainſi que nous le verrons bientôt, d'une manière ſatisfaiſante & conforme à la théorie que j'ai établie, les décroiſſemens des lames du grenat dans le paſſage du dodécaèdre à la forme des cryſtaux ſecondaires.

69. La recherche des angles plans du grenat dont il s'agit, n'eſt qu'un ſimple problême de Géométrie, qu'il eſt facile de réſoudre. Ce cryſtal a quatorze angles ſolides, dont huit ſont formés par la réunion de trois angles plans, & les ſix autres par celle de quatre angles plans. Or, il eſt aiſé de voir d'abord

---

(a) Si l'on cherche, par le calcul, la valeur de l'axe du rhomboïde dont il s'agit, on trouvera que cet axe eſt égal au côté du rhombe; d'où il ſuit que les faces du tétraèdre ſont des triangles iſocèles tous égaux & ſemblables.

qu'une ligne droite, menée du fommet d'un des angles folides compofés de quatre plans au centre du cryftal, eft la petite diagonale d'un des rhombes qui forment les faces intérieures des quatre rhomboïdes dont le cryftal peut être cenfé compofé.

De plus, fi l'on trace les grandes diagonales de quatre rhombes extérieurs, en faifant le tour du dodécaèdre, ces diagonales formeront un quarré, dont la diagonale, paffant néceffairement par le centre du cryftal, fera par conféquent double de la petite diagonale d'un des rhombes du dodécaèdre.

Il fuit de-là que la grande diagonale du rhombe eft à la petite comme le côté du quarré eft à la moitié de fa grande diagonale, c'eft-à-dire, dans le rapport de 1 à $\frac{1}{2}\sqrt{2}$, ou de 2 à $\sqrt{2}$. Donc prenant les moitiés des deux diagonales du rhombe, nous pouvons faire $n\,d$ (*fig.* 57) $= 2$, & $b\,n = \sqrt{2}$. Le triangle rectangle $b\,n\,d$, réfolu d'après ces valeurs, donne pour la tangente de l'angle $n\,b\,d$ le nombre 101505150, qui répond à $54°\,44'\,8''$. Donc l'angle $a\,b\,d = 109°\,28'\,16''$, & l'angle $b\,a\,c = 70°\,31'\,44''$.

Formes secondaires.

GRENAT A VINGT-QUATRE FACES. *Id.* DAUB.
Tableau minér.

Développement. Vingt-quatre quadrilatères
égaux & semblables entr'eux, tels que $g\,o\,e\,p$
(*fig.* 58). L'angle $o\,e\,p = 117°\,2'\,8''$. $g\,o\,e$
$= g\,p\,e = 82°\,15'\,3''$. $o\,g\,p = 78°\,27'\,46''$.

70. Concevons que des lames rhomboïdales,
semblables à celles que l'on détacheroit par
des sections faites parallèlement aux faces du
grenat dodécaèdre, soient empilées sur ces
mêmes faces, mais aillent en diminuant, suivant une loi uniforme, jusqu'à ce qu'elles
soient réduites à un point. Il résultera de
cette accumulation douze pyramides quadrangulaires, qui reposeront par leurs bases sur
les faces du dodécaèdre. Supposons de plus
que les décroissemens des lames de superposition se fassent suivant une loi telle que les
faces adjacentes des pyramides voisines se
trouvent deux à deux sur un même plan.
Soient $g\,a\,n\,e$, $g\,b\,m\,e$, $m\,d\,n\,e$ (*fig.* 59), trois
rhombes du dodécaèdre; $g\,e\,p$, $g\,e\,o$, les faces
adjacentes de deux pyramides voisines dans
le crystal secondaire; $p\,e\,n$, $r\,e\,n$, deux autres
faces pareillement adjacentes, &c. Ces faces

formeront, par leur réunion, des quadrilatères *g o e p*, *p e r n*, &c., dans lesquels on aura *g p* = *g o*, & *p e* = *e o*; & d'une autre part *p n* = *r n*, *p e* = *r e*, &c. Mais le point *p* étant plus éloigné de l'angle aigu *g*, que de l'angle obtus *e*, on aura auſſi *p g* plus grand que *p e*, &, par la même raiſon, *o g* plus grand que *e o*, &c.; ce qui eſt d'accord avec l'obſervation.

Les douze pyramides ſurajoutées au noyau donnent quarante-huit triangles; & diviſant ce nombre par deux, à cauſe du niveau des faces adjacentes, on aura vingt-quatre quadrilatères pour la totalité des faces du cryſtal ſecondaire.

En obſervant avec ſoin les quadrilatères dont il s'agit, on y apperçoit très-ſouvent des ſtries parallèles aux grandes diagonales *g e*, *e n*, *e m* de ces quadrilatères, & qui indiquent les joints des lames de ſuperpoſition; & le ſens dans lequel elles ſont appliquées l'une ſur l'autre (*a*).

Examinons maintenant d'une manière plus

(*a*) Je ſuis même parvenu à diviſer des grenats volcaniſés de Pompéïa, par des coupes nettes qui annonçoient l'application des lames l'une ſur l'autre, telle que je viens de l'expliquer.

particulière

particulière la ſtructure d'une de ces lames.
Il eſt aiſé de voir d'abord que la ſurface
ſupérieure de cette lame eſt un rhombe *domg*
(*fig.* 60), ſemblable à ceux qui forment les
faces du noyau ; que ſa -ſurface inférieure
eſt un exagone *ab l c ne*, dans lequel les côtés
ab, c n, ſont nuls pour nos ſens ; puiſqu'il
faut ſuppoſer la lame preſqu'infiniment mince.
Les rebords ſont au nombre de ſix, dont
deux triangulaires *a db, n m c*, ſitués perpendiculairement par rapport aux deux grandes
faces. Les quatre autres rebords ſont des parallélogrammes obliquangles alongés *d b l g*,
g l c m, &c., dont les plans ſont inclinés à
angles obtus, & de la même quantité ſur
celui du rhombe *d o m g*. Suppoſons deux ſections faites l'une ſur *dg*, l'autre ſur *g m*, parallèlement aux rebords *a d o e, e o m n* (ces
ſections ſont poſſibles, d'après les diviſions
indiquées dans le cryſtal) : alors la lame ſe
trouvera partagée en une lame rhomboïdale,
dont les rebords oppoſés deviendront parallèles, & qui ſera un aſſemblage de petits
rhomboïdes ſemblables à ceux dont nous avons
parlé plus haut (68), plus un reſte, qui,
étant diviſé par des ſections faites parallèlement aux plans des triangles *a b d, m n c*,
donnera des demi-rhomboïdes, dont chacun

M

fera formé de trois tétraèdres pareils à ceux que nous avons confidérés (68) comme les molécules intégrantes du grenat. Or, les rhomboïdes qui compofent la lame rhomboïdale adjacente, étant divifibles chacun en fix tétraèdres de la même forme, il s'enfuit que la lame entière *a b l c m e* n'eft auffi qu'un affemblage de ces mêmes tétraèdres.

De plus, on concevra, avec un peu d'attention, qu'une rangée de rhomboïdes répond à deux rangées de tétraèdres. Or, fi l'on confidère les décroiffemens des lames de fuperpofition par rapport aux rebords *a d o e, e o m n,* on conclura, par un raifonnement femblable à celui que nous avons déjà fait (15), que les fouftractions doivent fe faire, fur ces rebords, par une fimple rangée de rhomboïdes, ou, ce qui revient au même, par deux rangées de tétraèdres, pour que les faces adjacentes des pyramides voifines fe trouvent de niveau ; d'où il fuit que les décroiffemens fe feront auffi fur les rebords oppofés *d b l g, g l c m,* par deux rangées de tétraèdres. Mais quoiqu'une rangée de rhomboïdes foit équivalente, comme je l'ai obfervé, à une double rangée de tétraèdres, il ne faut pas en conclure que la lame, repréfentée par la *fig.* 60, puiffe être uniquement compofée de rhomboïdes ; puifque, de quelque manière que l'on fous-divife cette lame pour en détacher des rhomboïdes entiers, il y aura toujours un refte, qui ne peut plus être compofé que de té‑traèdres.

Si l'on fuppofoit nulles les parties qu'on intercepteroit par les fections faites fur *dg*, *gm*, ainfi que je l'ai expliqué plus haut, & qui font l'excédent des lames rhomboïdales auxquelles ces parties font adjacentes, dans ce cas, toutes les arètes *mg*, *gd*, &c., des lames de fuperpofition, feroient encore de niveau avec celles des lames qui formeroient la force triangulaire voifine ; ce qui réduiroit le cryftal entier à de fimples rhomboïdes. Mais alors les rebords des lames de fuperpofition feroient, d'un côté, un angle obtus, & de l'autre un angle aigu avec les furfaces des lames placées immédiatement au-deffous. Or, il paroît plus naturel de fuppofer cet angle aigu rempli par des tétraèdres, puifque cette difpofition établit une fymétrie parfaite entre les parties correfpondantes du cryftal.

Une nouvelle raifon vient ici à l'appui de ce que j'ai dit (68) fur la réduction du noyau en molécules de figure tétraèdre. J'ai déjà obfervé (Note du n°. 70), que le gre‑nat à vingt - quatre faces étoit quelquefois

aſſez tendre pour être entamé par un inſtru-
ment tranchant, & que ce cryſtal ſe diviſoit
par des ſections qui paſſoient entre les grandes
faces des lames de ſuperpoſition. Or, il réſulte
des obſervations faites ſur les cryſtaux divi-
ſibles, qu'une diviſion commencée peut toujours être continuée dans le même ſens, en
allant de la ſurface au centre du cryſtal. D'où
il réſulte que toutes les diviſions ſuppoſées
dans le grenat à vingt-quatre faces étant parallèles aux faces du noyau, celui-ci ſe ſous-
diviſeroit auſſi parallèlement à ces mêmes faces;
ce qui conduit encore à des molécules tétraèdres, comme nous l'avons vu dans l'article
cité ci-deſſus (a).

On pourroit objecter que l'explication précédente paroît contraire à ce que j'ai avancé
(15); ſavoir, que, dans le cas où les faces
adjacentes ſont de niveau, les décroiſſemens
ſe font ſuivant la loi la plus ſimple & la plus
régulière, puiſque cette loi doit être celle qui
n'exige qu'une rangée de molécules ſouſtraites,
au lieu qu'il y a ici ſouſtraction de deux rangées de tétraèdres. Mais on concevra aiſé-

---

(a) On verra, ci-après (74), que les cryſtaux de blende
ſe diviſent exactement de la même manière par des coupes
très-nettes.

.ment que s'il ne fe faifoit qu'une fouftraction d'une fimple rangée de molécules, les faces adjacentes, compofées de la fomme des arêtes des lames de fuperpofition, feroient entr'elles des angles rentrans. Or, il paroît que les loix primitives de la Cryftallifation excluent tout angle rentrant dans les cryftaux, puifqu'on ne connoît aucun exemple d'une fubftance cryftallifée, où les faces voifines forment entr'elles des angles de cette nature, fi ce n'eft dans les minéraux qui font compofés de deux moitiés d'un cryftal, réunies fans doute par accident, & retournées en fens contraire, comme l'a très-bien obfervé M. Demefte (a), par rapport à quelques variétés du gypfe. Cela pofé, fi la loi dont il s'agit n'eft pas en elle-même la plus fimple que l'on puiffe imaginer, du moins a-t-elle réellement la plus grande fimplicité poffible, dans l'hypothèfe des loix actuelles auxquelles eft foumife la Cryftallifation; ce qui me femble fuffire pour lever la difficulté.

71. Il ne s'agit plus que de déterminer, par le calcul, la valeur des angles plans du grenat à vingt-quatre faces. Soient $g f h e$, $g n m e$ (*fig.* 61), deux faces adjacentes du noyau;

____

(a) Lettres, Tom. I, p. 358.

M 3

g o e p, une des faces quadrilatères du cryſtal ſecondaire. Ayant mené du point *o* une perpendiculaire ſur le plan du rhombe *g f h e*, cette ligne tombera ſur le centre *b* de ce rhombe. Menons encore les diagonales *g e*, *o p* du quadrilatère, & la ligne *c b*, qui ſera perpendiculaire ſur *ge*. Cela poſé, il eſt facile de voir que les deux rhombes *g f h e*, *g n m e*, pouvant être conſidérés comme deux des faces d'un priſme exagone régulier, l'angle que ces faces formeront entr'elles ſera de 120°. Donc l'angle *o c b*, qui eſt la moitié du ſupplément de cet angle, ſera de 30°. Donc *c o b*

$$= 60°; \text{ donc } \overline{co}^2 = \overline{cb}^2 + \overline{bo}^2 = \overline{cb}^2 + \tfrac{1}{4}\overline{co}^2;$$

d'où l'on tire $\tfrac{3}{4}\,\overline{co}^2 = \overline{cb}^2.$

Maintenant, dans le triangle rectangle *g b e* (*fig.* 62) *, la ligne *b c* eſt une perpendiculaire abaiſſée de l'angle droit ſur l'hypothénuſe. De plus, $g b = \sqrt{4}$ (69), $b e = \sqrt{2}$, & $g e = \sqrt{6}$. Donc $c g = \dfrac{\overline{gb}^2}{ge} = \dfrac{4}{\sqrt{6}}$, &

$$c e = \dfrac{\overline{be}^2}{ge} = \dfrac{2}{\sqrt{6}}. \text{ Donc } \overline{eb}^2 = g c \times c e =$$

---

* Le rhombe *g f h e* eſt ici le même que celui de la *fig.* 61.

$$\frac{4 \times 2}{\sqrt{6} \times \sqrt{6}} = \frac{8}{6} = \frac{4}{3}.$$ Subſtituant dans l'équa-

tion $\frac{3}{4} \overline{co}^2 = \overline{cb}^2$, on aura $\frac{3}{4} \overline{co}^2 = \frac{4}{3}$; d'où l'on

tire $\overline{co}^2 = \frac{16}{9}$, & $co = \frac{4}{3}$.

Dans le triangle $c\, v\, g$ (*fig.* 61), nous con-

noiſſons donc $co = \frac{4}{3}$; $cg = \frac{4}{\sqrt{6}}$, & l'an-

gle $c = 90°$.

Or, r : tang. g :: cg : co :: $\frac{4}{\sqrt{6}}$: $\frac{4}{3}$ :: 3 : $\sqrt{6}$.

Le réſultat du calcul donnera pour la tangente
de l'angle g le nombre 9911954 3, qui
appartient à 39° 13′ 53″. Donc l'angle $p\,g\,o =$
78° 27′ 46″.

Maintenant, dans le triangle $c\, e\, o$, nous

avons $co = \frac{4}{3}$, $ce = \frac{2}{\sqrt{6}}$, & l'angle $c = 90°$.

Mais r : tang. e :: ce : co :: $\frac{2}{\sqrt{6}}$: $\frac{4}{3}$ :: 3 : $\sqrt{24}$.

On trouvera, d'après cette proportion, pour
la tangente de l'angle e, le nombre 10112984 3,
qui répond à 58° 31′ 4″. Donc l'angle $o\,e\,p =$
117° 2′ 8″; d'où l'on conclura que chacun
des angles $g\,o\,e$, $g\,p\,e$, eſt de 82° 15′ 3″.

M 4

GRENAT A TRENTE-SIX FACES. *Id.* DAUBENT. *Tabl. minér.*

Développement. Douze rhombes *a b d c* (*fig.* 57), semblables à ceux du grenat dodécaèdre (68). Vingt-quatre exagones alongés *g r s e t u* (*fig.* 58). L'angle *r g u* = 78° 27′ 46″. *s e t* = 117° 2′ 8″. *g r s* ou *g u t* = 140° 46′ 7″. *e s r* ou *e t u* = 121° 28′ 56″.

72. Concevons que l'accumulation des lames décroissantes, qui a donné la variété précédente, soit arrêtée tout-à-coup à une certaine hauteur, en sorte qu'il n'y ait sur les douze faces du noyau que des pyramides naissantes, au lieu de pyramides entières : alors les faces supérieures de toutes les lames extrêmes donneront douze rhombes *u p o t*, *m n l k*, *r s h q*, &c., semblables aux rhombes *a b g e*, *g f d e*, &c., qui formoient les faces du noyau, & seulement plus petits; & au lieu des quadrilatères *g o e p*, *p n r e*, &c. (*fig.* 59), on aura vingt-quatre exagones alongés *g r s e t u*, *a o t e m n*, &c. (*fig.* 63), interposés entre les douze rhombes; ce qui fera en tout trente-six faces. On voit, par cet exposé, que la forme du grenat dont il s'agit ici, est intermédiaire entre celle du grenat dodécaèdre, & celle du grenat à vingt-quatre faces.

73. Les angles plans des exagones font très-faciles à déterminer; car ayant tracé un des quadrilatères *g o e p* (*fig.* 58) du grenat à vingt-quatre faces, fi l'on mène la diagonale *g e*, & les lignes *r s*, *u t*, parallèles à *g e*, & également diftantes de cette ligne, on aura un exagone *g r s e t u*, dont les angles feront égaux à ceux de l'exagone du grenat à trente-fix faces. Or, nous avons déjà trouvé ci-deffus (71) l'angle *r g u* de 78° 27′ 46″, & l'angle *s e t* de 117° 2′ 8″. De plus, il eft aifé de voir que les angles *g r s* ou *g u t* d'une part, & *e s r* ou *e t u* de l'autre, font les fupplémens des angles *r g e* & *g e s*; d'où il fuit que l'on aura $g\,r\,s = g\,u\,t = 180° - (39° 13′ 53″) = 140° 46′ 7″$, & $e\,s\,r = e\,t\,u = 180° - (58° 31′ 4″) = 121° 28′ 56″$ (*a*).

(*a*) Le grenat dodécaèdre peut fournir à la Géométrie une application du calcul *de maximis & minimis.* Ayant cherché, à l'aide de ce calcul, quel étoit de tous les folides à douze faces rhomboïdales celui qui, à capacité égale, avoit la plus petite furface, j'ai trouvé que les faces de ce folide font des rhombes égaux & femblables entr'eux, dans lefquels le rapport des deux diagonales eft celui de 1 à $\sqrt{\frac{1}{2}}$, comme on l'a déterminé plus haut; c'eft-à-dire, que le folide dont il s'agit eft parfaitement femblable au grenat dodécaèdre. Ce problême a beaucoup de rapport avec un

ADDITION à l'article précédent.

74. Quoique je ne me fois point propofé de faire entrer dans cet Effai ce qui concerne les fubftances métalliques, je crois cependant

---

autre qui a été réfolu par plufieurs Auteurs, & dans lequel on propofe de déterminer l'angle du fommet de l'alvéole des abeilles, qui donne le *minimum* de furface. Le folide, qui repréfente cette alvéole, a pour bafe un exagone régulier, & pour faces latérales fix trapèzes avec un fommet formé de trois rhombes. Dans les folutions que j'ai vues de ce dernier problême, on ne fait varier que la grande diagonale des rhombes du fommet; en forte que l'on n'a le *minimum* de furface que par rapport à ce fommet. Si l'on vouloit réfoudre le problème dans toute fon étendue, en faifant varier auffi la hauteur de l'efpèce de prifme formé par les trapèzes latéraux, on trouveroit que, pour avoir le *minimum* de furface, il faut prendre la moitié d'un dodécaèdre femblable à celui du grenat, & coupé dans une direction perpendiculaire à l'axe de ce dodécaèdre. L'alvéole des abeilles a une hauteur beaucoup plus confidérable que celle d'un pareil folide. Mais cette dimenfion eft affortie aux ufages de ces alvéoles, qui ne font pas feulement deftinées à recevoir le miel, mais encore à fervir de logement aux abeilles nouvellement éclofes, qui y reftent jufqu'à ce que leur développement foit achevé, ainfi que le remarque M. Maraldi, *Mémoires* de l'Académie des Sciences, 1712, *Obfervation fur les Abeilles.*

devoir ajouter ici le réfultat des obfervations que j'ai faites fur les blendes, dont la ftructure eft abfolument la même que celle des grenats. On connoît des cryftaux de blende à vingt-quatre faces, dont douze font des trapézoïdes, tels que *a t e u, a t i q, a u h q*, &c. (*fig.* 64), & les douze autres des triangles ifocèles alon-gés *h u x, e u x*, &c., réunis deux à deux par leurs bafes, & interpofés entre les qua-drilatères, ainfi que le repréfente la *figure.* J'ai divifé un affez grand nombre des cryftaux dont il s'agit, par des coupes très-nettes, paral-lèlement aux douze quadrilatères. Ces divi-fions emportent peu à-peu les douze triangles ifocèles ; & lorfque ceux-ci ont entièrement difparu, le folide fe trouve réduit à un dodé-caèdre à plans rhombes, qui a exactement la même figure que celui du grenat (*fig.* 56). Quand ces dodécaèdres ont été extraits d'une blende rougeâtre, ils reffemblent tellement à des grenats, que l'on feroit tenté de s'y méprendre au coup-d'œil, fans la différence du poli, qui eft beaucoup plus vif dans la blende. Si l'on fous-divife ces mêmes dodé-caèdres toujours parallèlement à leurs faces, la divifion donne en dernière analyfe des té-traèdres irréguliers à faces triangulaires ifo-cèles, tels que ceux qui ont été décrits (68).

Il eſt donc extrêmement probable que les molécules de la blende ſont de la même forme que celles du grenat (a). Les tétraèdres dont je viens de parler, combinés de diverſes manières, d'après les loix de Cryſtalliſation que j'ai expoſées dans cet Ouvrage, produiſent de nouveaux tétraèdres à faces équilatérales, des octaèdres réguliers, des parallélipipèdes obliquangles, & d'autres polyèdres de diverſes figures indiquées par différens Auteurs, & en particulier par le ſavant M. Born, dans ſon *Lithophylacium*, Ire. Part., p. 132 & ſuiv.

ARTICLE VIII.

Application aux Topazes du Bréſil & de Saxe.

75. LES deux topazes, qui ſont l'objet de cet article, forment deux ſortes de pierres diſtinguées l'une de l'autre par pluſieurs caractères ſenſibles, & en particulier par celui de la couleur, dont M. Daubenton a ſu tirer un

---

(a) Voyez ce qui a été dit (Introduction, p. 36) ſur cette reſſemblance des molécules dans des cryſtaux de nature différente.

parti fi ingénieux, en graduant les teintes des divers cryftaux gemmes proportionnellement à celles que l'on obferve dans le fpectre folaire produit par la réfraction de la lumière à travers le prifme de Newton(a). Dans cette graduation, la topaze de Saxe correfpond au jaune fimple, & celle du Bréfil au mélange du jaune & de l'orangé. Cependant j'ai cru devoir réunir ici fous un même point de vue les deux topazes dont il s'agit, parce qu'elles font compofées de molécules conftituantes femblables entr'elles; & quoiqu'au premier coup - d'œil elles paroiffent annoncer des différences marquées, même par rapport à leurs formes extérieures, j'ai reconnu, en examinant cellesci avec attention, & d'après la ftructure des cryftaux, qu'elles étoient originaires d'une même forme primitive, qui eft feulement moins apparente dans la topaze de Saxe, & comme déguifée par un plus grand nombre de facettes furnuméraires.

Je ne fache pas que la forme primitive de ces cryftaux ait été encore vue ifolée. Cette forme, ainfi qu'on le verra dans la fuite, feroit celle d'un prifme quadrangulaire, dont

____

(a) Mém. de l'Acad. des Sciences, ann. 1740.

les pans font des rectangles, & les deux bafes
des rhombes ayant leurs angles à - peu - près
de 124° 30′, & 55° 30′. La forme dont il
s'agit exifte., en quelque forte, par parties
dans les deux topazes ; car celle du Bréfil fe
préfente affez communément fous la forme
d'un prifme tel que je viens de le décrire ,
mais furmonté d'une pyramide , & la topaze
de Saxe fe trouve fouvent terminée par deux
faces horizontales : mais outre qu'il y a un commencement de pyramide, le prifme eft à huit
pans inégaux entr'eux.

76. Quant aux molécules conftituantes des
topazes, elles font auffi des prifmes droits ,
qui ont leurs bafes femblables à celles du
cryftal de forme primitive, & dont la hauteur
eft une moyenne proportionnelle entre la
grande diagonale des rhombes de la bafe , &
une ligne double de la largeur des mêmes rhombes, comme je le prouverai dans le cours de cet
article.

T O P A Z E D U B R É S I L.

Formes fecondaires.

TOPAZE DU BRÉSIL EN PRISME DROIT
RHOMBOÏDAL , TERMINÉ PAR UNE ET QUEL-

QUEFOIS DEUX PYRAMIDES A QUATRE FACES TRIANGULAIRES (*Pl. VII*, *fig.* 65). Topaze du Bréfil. DAUBENT. *Tabl. minér.*

Développement. Quatre rectangles alongés & égaux entr'eux, tels que *b o h t*, *s o h g*, &c., formant les pans du prifme.

Quatre triangles fcalènes, tels que *a b o* (*fig.* 65 & 66), formant les faces des pyramides. L'angle *a b o* = 37° 11'. *a o b* = 69° 55'. *b a o* = 72° 54'.

77. Le tiffu de cette topaze eft feuilleté, ainfi que celui de la topaze de Saxe, & les lames qu'on en détache, en la clivant, font placées parallèlement aux bafes du prifme, & ont leurs grandes faces liffes & brillantes. Quoiqu'en effayant de fous - divifer ces lames on ne puiffe obtenir que des fragmens irréguliers, probablement parce que les faces latérales des molécules ayant beaucoup plus d'étendue que les bafes, ont auffi entr'elles une adhéfion beaucoup plus forte (*a*), cependant on ne peut douter, ce me femble, que les lames dont il s'agit ne foient des affemblages de petits prifmes droits, dont les pans font parallèles à ceux du prifme total. Cette induction fuit naturellement de l'analogie des autres

---

(*a*) Voyez la Note de la page 51.

cryſtaux; & d'ailleurs nous verrons que les réſultats des calculs faits d'après cette hypothèſe ſe trouvent d'accord avec l'obſervation.

Quant aux pyramides qui terminent le priſme, elles ſont produites par les décroiſſemens des lames de ſuperpoſition, dont la loi ſera déterminée plus bas. Le priſme eſt preſque toujours cannelé irrégulièrement dans le ſens de ſa hauteur; ce qui ſuppoſe des ſouſtractions inégales, & pour ainſi dire intermittentes, de différentes files longitudinales de molécules conſtituantes. Ce n'eſt pas la première fois que j'aie vu les lames compoſantes d'un cryſtal fuir en quelque ſorte par leur diſpoſition en retraite ſur les faces primitives. J'ai obſervé entr'autres des rhomboïdes de ſpath calcaire ſemblables au ſpath d'Iſlande, dont les faces étoient inégalement ſtriées dans des ſens parallèles aux arètes du rhomboïde.

TOPAZE DU BRÉSIL EN PRISME DROIT A HUIT PANS, TERMINÉ PAR UNE OU DEUX PYRAMIDES A QUATRE FACES QUADRILATÈRES (*fig.* 67).

Développement. Quatre rectangles alongés, tels que *codu*, *odlr*, &c., formant quatre des pans du priſme. Quatre trapèzes *r s g l*, *c b t u cbt u* (*fig.* 67 & 68), formant les quatre autres pans du prifme. Quatre quadrilatères irréguliers, tels que *a o r s* (*fig.* 67 & 69), qui font les faces des pyramides.

Angles des trapèzes $srl = glr = 108°\,23'$. $rsg = lgs = 71°\,37'$.

Angles des quadrilatères $oas = 72°\,54'$. $aor = 69°\,55'$. $asr = 63°\,7'$. $ors = 154°\,4'$.

78. Il arrive affez fouvent que les fouftractions de molécules, qui forment les ftries ou les cannelures, dont le prifme de la topaze du Bréfil eft fillonné, fe font régulièrement, depuis un certain terme, felon une loi qui fera déterminée dans la fuite. Alors le prifme eft à huit pans, dont quatre rectangles, réunis deux à deux fur les arètes *o d* (*fig.* 67), & celle qui lui eft oppofée; ces rectangles font évidemment les réfidus des pans du prifme primitif. Les quatre autres pans, qui font, comme on l'a vu, des trapèzes, anticipent fur les pyramides terminales ; en forte que les faces de celles-ci, qui étoient triangulaires dans la première variété, deviennent, dans le cas préfent, des quadrilatères tels que ceux qui ont été décrits.

Comme on retrouve ces mêmes pans beaucoup mieux prononcés dans le prifme de la

topaze de Saxe , & que d'ailleurs cette dernière fournit plus de données que l'autre ,
pour déterminer la loi des décroiffemens des
lames & la hauteur des molécules conftituantes, je renvoie à l'article fuivant tout ce
qui concerne ces différens objets , qui font,
ainfi que nous le verrons , communs aux deux
topazes, avec quelques modifications de plus
par rapport à celle de Saxe.

TOPAZE DE SAXE.

Forme fecondaire.

TOPAZE EN PRISME A HUIT PANS , TERMINÉ
PAR UNE OU DEUX PYRAMIDES INCOMPLETTES
A SIX FACES (*fig.* 70).* Topaze de Saxe. DAUB.
Tabl. minér.

Développement. Quatre rectangles étroits ,
tels que *t s k i*, *t f p i* (*fig.* 70 & 74) , qui
font les réfidus des faces primitives du prifme,
comme dans la topaze du Bréfil à prifme
octogone. Quatre pentagones irréguliers *s u n z k*

(*) Je fuppoferai , dans cet article , que le prifme n'a
que fon extrémité fupérieure qui foit en pyramide, l'extrémité inférieure étant prefque toujours engagée dans la
gangue du cryftal.

(*fig.* 70 & 76), formant les quatre pans larges du prisme.

Un exagone un peu irrégulier *a b o e r c* (*fig.* 70 & 72), qui remplace le sommet de la pyramide. Deux pentagones *e u n g r* (*fig.* 70 & 73), ayant leurs côtés égaux deux à deux, & leurs sommets *n*, situés sur les arêtes *n ʒ*, qui joignent les pans larges du prisme. Quatre autres pentagones plus irréguliers *b d f t o*, *o t s u e*, &c. (*fig.* 70 & 75), qui forment les quatre autres faces de la pyramide incomplette, & correspondent chacun à un pan étroit du prisme, & à une partie du pan large voisin.

Angles des pentagones *s u n ʒ k* (*fig.* 76). *u s k*=108° 23′. *u n ʒ*=123° 34′. *s u n*= 128° 3′. *s k ʒ* =*n ʒ k* =90°.

Angles de l'exagone *a b o e r c* (*fig.* 72). *b o e* = *a c r*=124° 25′. *o e r* = *e r c*=*c a b*= *a b o* = 117° 47′.

Angles du pentagone *e u n g r* (*fig.* 73). *r e u* = *e r g*=110° 44′. *e u n* =*r g n*= 122° 6′. *u n g* =74° 20′.

Angles du pentagone *o t s u e* (*fig.* 75). *e o t* =110° 5′. *o e u* = 115° 30′. *e u s* = 90° 26′. *u s t* =154° 4′. *o t s* = 69° 55′.

79. Telle est la forme sous laquelle se présente assez communément la topaze de Saxe;

mais cette forme eft fujette à beaucoup de variations, dont les plus intéreffantes, relativement à l'explication de fa ftructure, font de nouvelles facettes, qui doublent les faces latérales de la pyramide incomplette ; en forte que ces faces changent d'inclinaifon, & fe relèvent en arètes parallèles au côté correfpondant de l'exagone terminal. (*Voyez la figure* 71). Par cette nouvelle difpofition, les pentagones $b\,d\,f\,t\,o$, $o\,t\,s\,u\,e$ (*fig.* 70), fe trouvent réduits aux pentagones $\zeta\,d\,f\,t\,m$, $q\,u\,s\,t\,m$ (*fig.* 71), & leur partie fupérieure eft remplacée par une facette furnuméraire $b'\,\zeta\,m\,o'$ ou $o'\,m\,q\,e'$. La figure des autres pentagones, tels que $e\,u\,n\,g\,r$ (*fig.* 70), fe trouve modifiée de manière que ce qui refte de leur furface eft un octogone $e'\,q\,u\,y\,\gamma\,g\,\pi\,r'$ (*fig.* 71). Quant à leur partie inférieure, elle eft remplacée par un triangle ifocèle $\gamma\,n'\,y$. La figure des pans pentagones $s\,u\,n\,\zeta\,k$ (*fig.* 70) du prifme fe trouve altérée à proportion, & devient un exagone $s\,u\,y\,n'\,\zeta\,k$ (*fig.* 71). On a, dans ce cas, treize faces pour la pyramide, outre les huit faces ordinaires du prifme. Ces différentes faces font encore fufceptibles de varier, fuivant les pofitions où fe trouvent les arètes $\zeta\,m$, $m\,q$, $y\,\gamma$, &c.

80. En mefurant avec foin les inclinaifons

qu'ont entr'elles, & avec les pans du prifme, les faces de la pyramide modifiée, comme je viens de l'expofer (*a*), j'ai trouvé l'angle formé par la face pentagone *m q u s t* (*fig.* 71) avec le pan rectangle *t s k i* du prifme, fenfiblement égal à l'angle formé par la face octogone *e′ q u y ɣ g π r′* avec l'exagone terminal *a′ b′ o′ e′ r′ c′*. De plus, chacun de ces deux angles eft, à très-peu de chofe près, de 136°.

D'après ces données, la feule hypothèfe dans laquelle les réfultats du calcul foient conformes aux autres obfervations que l'on peut faire fur le cryftal, eft celle d'une loi de décroiffement, par une fimple rangée de molécules pour la face triangulaire *y n′ ɣ*; par deux rangées de molécules pour la face octogone adjacente *e′ q u y ɣ g π r′*; par deux rangées encore pour la face pentagone *q u s t m*; & enfin par trois rangées pour la face quadrilatère adjacente *o′ m q e′*. Mais avant de paffer aux réfultats qui fuivent de ces diverfes fup-

---

(*a*) J'ai mefuré ces inclinaifons fur une très-belle aiguemarine d'un volume confidérable, qui fe trouve au Cabinet du Roi. On fait que la forme de ce cryftal gemme eft abfolument la même que celle de la topaze de Saxe.

N 3

pofitions, il faut déterminer la hauteur des molécules prifmatiques conftituantes.

81. Soit *l d m* (*fig.* 77) le triangle menfurateur, par rapport aux décroiffemens des lames qui forment la face *m q u s t* (*fig.* 71), & *l d h* (*fig.* 81) le triangle menfurateur pour la face octogone *e' q u y y g* *r'* (*fig.* 71); la ligne *l d* étant la hauteur d'un des petits prifmes dont il s'agit, on aura, d'après les mefures indiquées plus haut (80), l'angle *d l m* (*fig.* 77) $= 44°$, & l'angle *l m d* $= 46°$ (*a*); on aura auffi l'angle *d l h* (*fig.* 81) $= 46°$, & *l h d* $= 44°$: donc les triangles *d l m*, *d l h* font femblables ; ce qui donne *d m : d l :: d l : d h*.

Soit *a b n d* (*fig.* 79) la furface de la bafe d'une des molécules conftituantes de la topaze. Ayant mené la perpendiculaire *b o* fur le côté *d n*, on aura, par la fuppofition, *d m* (*fig.* 77) $= 2 b o$ (*fig.* 79), à caufe des décroiffemens par deux rangées, & *d h* (*fig.* 81) $= a n$ (*fig.* 79), à raifon de la même loi de décroiffement,

____

(*a*) Les lames de fuperpofition ayant leurs bafes difpofées perpendiculairement aux pans du prifme , il eft vifible que *d m* eft auffi perpendiculaire à l'un de ces pans, & par conféquent *l m d* $= 136° - 90° = 46°$.

qui a lieu ici par rapport aux angles des lames compoſantes. Subſtituant dans la proportion $dm : dl :: dl : dh$, elle devient $2bo : dl :: dl : an$; c'eſt-à-dire, que la hauteur dl (*fig.* 77) d'une des molécules priſmatiques,, eſt une moyenne proportionnelle entre deux fois la largeur bo (*fig.* 79) de la baſe., & la grande diagonale an de la même baſe; ce qui eſt le rapport que j'ai indiqué (76).

Cherchons à préſent la valeur des angles bnd, abn, de la baſe dont il s'agit. La proportion $2bo : dl :: dl : an$ donne an ou $2gn = \frac{(dl)^2}{2bo}$. De plus, $bo \times dn = gn \times bd = gn \times 2dg$; d'où l'on tire $dg = \frac{bo \times dn}{2gn}$. Subſtituant à la place de $2gn$ ſa valeur $\frac{(dl)^2}{2bo}$, on a $dg = \frac{2(bo)^2 \times dn}{(dl)^2}$. Or, d'après les valeurs indiquées ci-deſſus, $\frac{2(bo)^2 \times dn}{(dl)^2} = \frac{ſin(44°)^2 \times r}{2.ſin.(46°)^2}$, en prenant dn pour le rayon r. Donc $log. ſin. dng = 2\,log.\,ſin.\,44° + log.\,r - 2\,log.\,ſin.\,46° - log.\,2 = 9668644$, lequel nombre répond à 27° 47'. Donc bnd

$= 55°\ 34'$, & $adn = 124°\ 26'$; laquelle valeur se trouve être la même que celle qu'on observe, en mesurant l'inclinaison respective des pans $tfpi$, $tski$ (*fig.* 70), qui sont, comme je l'ai dit (*a*), les résidus des pans primitifs du prisme de la topaze de Saxe.

Soit maintenant ldp (*fig.* 80) le triangle mensurateur, qui doit donner la loi des décroissemens, par rapport à la facette triangulaire $y\,n'v$ (*fig.* 71). Ces décroissemens étant supposés se faire par une simple rangée de molécules , on aura $dp = gn$ (*fig.* 79).

Or, nous avons vu que $gn = \dfrac{(dl)^2}{4b0}$

$$= \frac{sin.\ (46°)^2}{2\ sin.\ 44°}\ ,\ \&\ log.\ gn\ ou\ log.\ dp =$$

$2\ log.\ sin.\ 46° - log.\ sin.\ 44° - logar.\ 2 = 95710669$. De plus, faisant attention que nous avons pris pour la valeur de dl le sinus de $46°$, on aura $log.\ dl = 9856934$ 1. Le triangle $l\,d\,p$ étant résolu d'après ces données, on trouve pour le logarithme de la tangente de lp le nombre 9714328, qui répond à $27°\ 22'$; d'où il suit que l'angle

---

(*a*) Voyez le développement de cette topaze.

formé par la facette dont il s'agit avec l'exagone terminal, est de $90° + 27° 22' = 117° 22'$; laquelle valeur se trouve également vérifiée par l'observation.

Quant aux décroissemens par rapport aux facettes $o' e' q m$ (*fig.* 71), ils se font, comme je l'ai annoncé (80), par des soustractions de trois rangées de molécules ; c'est-à-dire, que dans le triangle mensurateur $l d r$ (*fig.* 78), on a , outre *logar.* $d l = 98569341$, comme ci-dessus, *log.* $d r = $ *log.* $b o + $ *log.* 3 $= $ *log. sin.* $44° - $ *loz.* 2 $+ $ *logar.* 3 $= 100178626$ (a); ce qui donne pour le logarithme de la tangente de l'angle l, le nombre 101609285, qui répond à $55° 22'$. Partant, l'angle formé par la facette dont il s'agit, avec l'exagone qui termine le crystal, est de $145° 22'$, ainsi que le donnent les mesures prises sur le crystal.

Voilà le premier exemple de décroissement par trois rangées de molécules , que j'aie encore trouvé parmi une multitude de crystaux dont j'ai observé la structure ; d'où l'on peut conjecturer que ces exemples ne seront pas moins rares dans la suite. Ainsi, il faut

______

(a) Nous avons eu ci-dessus $2 b o = d m = $ *sin.* $44°$; d'où l'on tire *log.* $b o = $ *log. sin.* $44° - $ *log.* 2.

les regarder comme des efpèces d'exceptions aux loix les plus ordinaires, qui font celles des décroiffemens par une ou deux rangées de molécules.

La figure octaèdre du prifme eft affez nette, dans cette topaze, pour permettre de déterminer avec précifion la loi des décroiffemens que fubiffent les lames compofantes depuis les arêtes fp, sk (*fig.* 68), où fe terminent les pans rectangles du même prifme.

Soit A$dhbCrne$ (*Pl. VIII, fig.* 82) une coupe horizontale de ce prifme. S'il ne fe faifoit aucunes fouftractions de molécules conftituantes, la coupe dont il s'agit auroit la figure du rhombe A B C D. Suppofons donc qu'au point d, où commencent les décroiffemens fur le bord AB, il y ait une rangée dglB de molécules fouftraites ; une autre rangée $fpsl$, au point f diftant du point d de trois molécules, & ainfi de fuite. Cherchons les angles qui réfultent de cette loi de décroiffement. Dans le triangle dfg, nous avons l'angle $dgf = $ A$dg = 55° 34'$, & le côté $gf = 3\,dg$. Donc on peut faire $dg = 1$; $gf = 3$. Réfolvant ce triangle, on trouvera pour le logarithme de la tangente de la demi-différence des angles d & f, le nombre 99772678, qui appartient à 43° 30′ ; d'où l'on conclura que dfg ou $fhp = 18°\ 43'$: ajoutant à phx, qui eſt de $55°\ 34'$, le double de fhp, on aura l'angle $dhb = 93°$, & l'angle $Adh = Adg + fdg = 55°\ 34' + 105°\ 43' = 161°\ 17'$; ce que confirment encore les obſervations faites ſur le cryſtal. On voit par-là que les décroiſſemens dont il s'agit ſuivent une des loix les plus ordinaires de la Cryſtalliſation, excepté qu'ils ſe font par des degrés intermittens (a).

82. Pour revenir maintenant à la topaze du Bréſil, j'ai obſervé que, dans ce cryſtal, les décroiſſemens des lames qui forment par leurs rebords les faces des pyramides, ſe faiſoient par des ſouſtractions de deux rangées de molécules, comme pour les faces $otsue$ (*Pl. VII, fig.* 70), ou $qmtsu$ (*fig.* 71), dans la topaze de Saxe.

Quant au calcul des angles plans de l'une & l'autre topaze, je m'abſtiendrai de le donner ici, parce qu'il eſt long & un peu compliqué, ſur tout pour la topaze de Saxe;

(a) On pourroit auſſi concevóir la loi dont il s'agit ici, comme une eſpèce de loi de décroiſſement par trois rangées de molécules.

mais à l'aide des inclinaisons qu'ont entr'elles les différentes faces de ces cryſtaux, il sera facile aux Géomètres, qui voudroient vérifier mes calculs, de retrouver les réſultats indiqués dans le développement des deux topaźes.

ARTICLE IX.

Application au Grès cryſtallisé de Fontainebleau.

83. TOUT le monde connoît aujourd'hui le grès rhomboïdal de Fontainebleau, dont M. de Laſſone a donné, dans les Mémoires de l'Académie des Sciences pour l'année 1775, une deſcription très-exacte & très-détaillée, ainſi que des carrières dans leſquelles on trouve cette ſorte de cryſtaux. M. Sage a reconnu (a) que ces rhomboïdes étoient compoſés d'environ $\frac{2}{5}$ de matière calcaire ſur $\frac{3}{5}$ de matière quartzeuſe ; ce qui doit les faire ranger parmi les pierres mêlangées. Je me ſuis propoſé, dès l'année 1782, de rechercher ſi la forme des cryſtaux dont il s'agit apparte-

(a) Elémens de Minéralogie, 2ᵉ édition, Tom. I pag. 253.

noit aux fpaths calcaires , ou fi elle n'étoit
point le réfultat de quelque modification
particulière, occafionnée par le mélange de
la matière quartzeufe. J'ai reconnu d'abord,
en mefurant leurs angles plans, que ces angles
étoient fenfiblement égaux à ceux du fpath
rhomboïdal à fommets aigus (36), c'eft-à-
dire, de 75° 31′ 20″, & de 104° 28′ 40″,
à quelques variations près , occafionnées par
les arrondiffemens que fubiffent affez fouvent
les rhomboïdes vers leurs fommets. Je fuis
même parvenu à divifer quelques rhomboïdes
de grès cryftallifé, dans le même fens que le
fpath calcaire dont je viens de parler, & de
manière que les coupes étoient affez nettes
pour laiffer reconnoître le poli de la Nature,
quoiqu'un peu offufqué par la matière du
grès. Ces recherches font l'objet d'un Mémoire lu à l'Académie des Sciences le 18 Jan-
vier 1783. Le réfultat des obfervations rapportées dans ce Mémoire , eft que la fubftance
quartzeufe, mêlée avec celle du fpath dans
les rhomboïdes dont il s'agit, ne contribue
en rien à leur figure ; mais que les molécules
du quartz, trop peu divifées pour être fufceptibles d'une vraie cryftallifation, font feulement entraînées, & en quelque forte com-
mandées par celles du fpath , qui feules ont

le degré de ténuité nécessaire pour se cryftallifer (a).

ARTICLE X.

*Obfervations & conjectures fur la formation & fur
l'accroiffement des Cryftaux.*

84. JE me fuis borné, dans les articles précédens, à ce qui regarde la ftructure des
cryftaux. Quoique je n'aie appliqué ma théorie
qu'à un certain nombre de genres, & que
j'aie omis plufieurs formes que je n'ai point
encore été à portée d'obferver, ou qui m'ont
paru moins intéreffantes que celles auxquelles
je me fuis arrêté, je crois en avoir affez dit
pour qu'on ne puiffe douter que les lames qui
compofent les cryftaux fecondaires ne fubiffent réellement les loix de décroiffement que
j'ai affignées. Il arrivera peut-être qu'en mul-
tipliant les obfervations, on découvrira, dans
certains cryftaux, des extenfions particulières
de ces loix : mais il me femble que, dès

(a) Ces obfervations avoient déjà été faites en partie;
mais on n'avoit pas encore déterminé d'une manière précife à quelle forme de fpath calcaire les cryftaux dont il
s'agit devoient être rapportés.

maintenant, on peut préfumer , avec beaucoup de fondement , que la marche la plus ordinaire de la Nature eft celle que j'ai indiquée, & que les variations même que cette marche pourroit éprouver dans certains cas , auront toujours un rapport affignable avec l'une des loix dont il s'agit ; en forte qu'elles en affureront l'exiftence, loin de la rendre équivoque, & ne feront qu'en modifier l'action, fans en altérer la régularité. Les réflexions que je vais ajouter , fur la formation & fur l'accroiffement des cryftaux , me paroiffent d'autant plus propres à répandre du jour fur ce qui précède, qu'elles feront déduites immédiatement de l'obfervation & des faits que préfente la ftructure, & que je m'abftiendrai de donner aucune hypothèfe fur la nature & fur la manière d'agir des loix primitives, dont la connoiffance, fi elle ne nous a pas été refufée pour toujours, ne peut s'acquérir que par une longue fuite d'expériences & de recherches profondes, qui manquent à l'état actuel de la Science.

Il eft vraifemblable , comme je l'ai déjà remarqué en paffant (6), que la figure d'un cryftal eft ordinairement déterminée dès les premiers inftans de fa formation. Tous les cryftaux quartzeux , calcaires & autres que l'on obferve fur une même gangue (*a*), fe reffemblent par leur forme, quel que foit leur volume; en forte que ceux mêmes qui, par leur fineffe extréme, échappent à nos yeux, & ne peuvent être apperçus qu'à l'aide d'un inftrument d'Optique, ont déjà la figure des plus gros. Nous avons, par exemple, fur certaines matrices, des aiguilles de cryftal de ro-che, dont la petiteffe eft extrême: cependant ces aiguilles ont un prifme interpofé entre les deux pyramides, lorfque les groffes parmi lefquelles elles fe trouvent mêlées, préfentent cette variété de figure. Si chaque aiguille étoit formée d'abord par deux pyramides fans prifme, en forte que l'interpofition du prifme entre les deux pyramides ne commençât à avoir lieu que quand le cryftal feroit parvenu à une certaine épaiffeur, on verroit ordinairement fur une même gangue des cryftaux avec pyramide fans prifme, & d'autres avec des prifmes à tous degrés d'élé-

---

(*a*) On trouve à la vérité quelquefois fur la même gangue des cryftaux d'une même nature, qui diffèrent par leur forme; mais, très-probablement, l'époque de la cryftallifation des uns & des autres n'eft pas la même, & ils font, pour ainfi dire, le produit de deux jets différens.

vation.

vation. Cependant on remarque un rapport
affez fenfible entre le volume des différentes
aiguilles & la hauteur de leur prifme. Si quelques-unes ne montrent qu'un commencement
de prifme, cela paroît venir de ce que le refte
du cryftal eft enfoncé dans la gangue; & en
effet, on apperçoit affez fouvent, du côté
oppofé, la feconde pyramide, ou même l'autre extrémité du prifme, qui forme une faillie,
& que l'on reconnoît, à fon alignement, pour
faire partie du même cryftal.

Il en faut dire autant des cryftaux fpathiques, & de ceux des autres genres. Quelle
que foit leur fineffe, ils font déjà complets,
chacun felon fa variété; on n'en voit aucun
qui préfente le noyau à découvert, ou le paffage du noyau à la forme fecondaire. D'après
cette obfervation, il me paroît important de
diftinguer entre la ftructure d'un cryftal fecondaire & fon accroiffement, puifque celui - ci
fe fait communément en fens contraire de la
ftructure. Dans le fpath phofphorique cubique,
par exemple, les lames que l'on détache, en
fuivant les divers fens indiqués par la ftructure, font difpofées parallèlement aux faces
du noyau octaèdre; au lieu que l'accroiffement du cryftal s'eft fait par une fuite de
couches concentriques parallèles aux faces du

O

cube. On pourroit demander pourquoi, la chofe étant ainfi, il n'eft pas poffible de divifer nettement un cube de fpath phofphorique parallèlement à fes faces? La raifon en eft, que les furfaces des couches, ou des enveloppes qui s'appliquent les unes fur les autres pendant l'accroiffement du fpath, ne peuvent être des plans liffes, màis font néceffairement hériffées d'une multitude de petites afpérités, ou de pointes de petits octaèdres ou tétraèdres, ainfi qu'on le concevra aifément, d'après l'explication que j'ai donnée (54) de la ftructure dont il s'agit. Cela pofé, les lames qui compofent les couches concentriques dont j'ai parlé, fe trouvent comme engrenées les unes dans les autres; en forte que la main qui dirigeroit l'inftrument tranchant dont on fe ferviroit pour effayer de divifer le cube parallèlement à fes faces, ne pourroit fe prêter à tous les mouvemens anguleux qu'exigeroit cette efpèce d'engrenage.

Un raifonnement fimple prouve, ce me femble, que l'accroiffement des cryftaux doit fe faire, le plus ordinairement, de la manière que je viens d'expofer. La cryftallifation d'une fubftance, fous une forme plutôt que fous une autre, tient néceffairement à une caufe particulière, ou plutôt à une modification

des caufes générales qui influent dans cette
opération de la Nature. Il fe peut, par exemple, que l'agent qui détermine la matière cryftalline à prendre telle figure préférablement à
telle autre, vienne en partie de la qualité
même du fluide, dans lequel s'opère la cryftallifation. Or, l'influence de cet agent doit
avoir lieu, dès que les molécules font affez
rapprochées pour fe grouper de manière à
produire déjà un cryftal élémentaire, qui n'eft,
pour ainfi dire, qu'un infiniment petit, & qui
ne fait plus que groffir, en confervant fa figure.

85. Propofons-nous un exemple de cet accroiffement, tiré du fpath calcaire à deux
pyramides hexaèdres, dont les faces font des
triangles fcalènes (33). Le plus petit noyau
qui puiffe donner l'élément du cryftal fecondaire, eft celui dont chaque face eft formée
de neuf rhombes, c'eft-à-dire, que le folide
eft compofé de vingt-fept molécules rhomboïdales. Concevons que *c* (*fig.* 83) foit un
des fommets de ce folide, & que *g b c f*, *b c h m*,
c f h n, foient les trois faces qui fe réuniffent
pour former l'efpèce de pyramide terminée par
ce fommet. Pour avoir le cryftal élémentaire
cherché, il faut concevoir au moins une couche appliquée fur chacune des deux pyramides
dont eft compofé le noyau. Or, puifque les

décroiſſemens ſe font , dans le cas préſent, par deux rangées de molécules (34) , il eſt aiſé de voir que la couche dont il s'agit ne couvrira que les trois rhombes *a, r , o.* Voyons donc combien il faut de molécules pour former cette couche , ſans laiſſer aucun vuide. Suppoſons trois rhomboïdes appliqués ſur *a, r, o,* de manière qu'ils aient leurs faces reſpectivement parallèles à celles du noyau. Ces rhomboïdes laiſſeront d'abord trois interſtices entre celles de leurs faces , qui aboutiront aux arètes contiguës au ſommet *c*, telles que *t e.* Il faudra trois nouveaux rhomboïdes pour remplir ces interſtices ; plus , un quatrième rhomboïde pour remplir le vuide qui reſtera au ſommet *c ;* en ſorte que le ſommet inférieur de ce dernier rhomboïde ſe confondra avec *c :* ainſi chaque couche ſera compoſée de ſept molécules , & l'aſſemblage du noyau & de ces couches donnera l'élement du cryſtal ſecondaire formé de quarante-un petits rhomboïdes.

Concevons maintenant que , dans l'inſtant ſuivant , le ſolide s'accroiſſe de la plus petite quantité poſſible , en reſtant toujours aſſujetti à la loi indiquée ; le noyau croiſſant en même temps , chacune de ſes faces ſe trouvera compoſée de vingt-cinq rhombes, c'eſt - à - dire , que ce noyau fera formé de cent vingt-cinq molécules. (*Voyez la figure* 84). Il y aura deux couches appliquées fur chacune des efpèces de pyramides dont il eft compofé. La première de ces couches couvrira les vingt-fept rhombes renfermés dans le contour de la furface $z\,t\,k\,u\,y\,x$. Or, en raifonnant comme ci-deffus, on concevra que, pour couvrir ces vingt-fept rhombes, il faut trente-fept molécules. La feconde couche qui couvrira les trois rhombes correfpondans à ceux qui font autour du point c, fera de fept molécules, comme dans le cas précédent.

Dans un troifième inftant, le noyau fera compofé de 7^3 ou de 343 molécules; il y aura trois couches, la première de 91 molécules, la feconde de 37, & la troifième de 7.

Dans le quatrième inftant, le noyau fera de 9^3 ou 729 molécules; il fera recouvert par quatre couches, la première de 169 molécules, la feconde de 91, la troifième de 37, & la quatrième de 7.

Ainfi, les différens états du noyau feront fucceffivement comme les puiffances 3^3, 5^3, 7^3, 9^3, &c., & en général $(2n+1)^3$, appellant n le nombre des inftans.

Quant aux couches ajoutées au noyau, pour exprimer généralement les nombres de molécules dont elles font compofées fucceſſivement, obſervons que,

$$7 = 3 + 3 + 1 = 3 \cdot 1^2 + 3 \cdot 1 + 1.$$
$$37 = 27 + 9 + 1 = 3 \cdot 3^2 + 3 \cdot 3 + 1.$$
$$91 = 75 + 15 + 1 = 3 \cdot 5^2 + 3 \cdot 5 + 1.$$
$$169 = 147 + 21 + 1 = 3 \cdot 7^2 + 3 \cdot 7 + 1, \&c.$$

D'où il eſt aiſé de juger que les nombres dont il s'agit forment une férie récurrente.

Soit toujours n le nombre des termes, on aura pour l'expreſſion générale de chaque terme $3(2n-1)^2 + 3(2n-1) + 1 = 12n^2 - 6n + 1$; & doublant, pour avoir le nombre des molécules qui compoſent les deux couches, $2(12n^2 - 6n + 1)$.

On peut regarder cette formule comme l'expreſſion algébrique des accroiſſemens du cryſtal; & en ſuivant une marche femblable pour les autres cryſtaux fecondaires, on trouvera d'autres nombres de molécules & des féries analogues, dont les termes varieront ſuivant un autre rapport.

Un noyau élémentaire, compoſé de vingt-fept molécules, eſt, comme je l'ai dit, le plus petit que l'on puiſſe concevoir, relativement à la variété de cryſtal que nous venons de conſidérer. Mais il y a certaines variétés où il faut fuppofer un noyau formé d'un plus grand nombre de molécules; ce qui arrive lorfque plufieurs décroiſſemens ont lieu à-la-fois. Un coup-d'œil, jeté ſur la *figure 83*, ſuffit pour faire concevoir, par exemple, que la première couche, appliquée ſur un noyau de vingt-ſept molécules, ne pourroit ſubir en même temps des décroiſſemens par deux rangées de petits rhomboïdes pour les rebords *h f*, *h n*, &c., & par une rangée pour les rebords *c f*, *c n*, &c.; car, dans ce cas, la couche ſe réduiroit à zéro. Il eſt donc probable que le nombre des molécules qui compoſent le noyau élémentaire du cryſtal, varie ſelon les cas; dé manière cependant que ce noyau eſt le plus petit poſſible, relativement à la forme qui doit réſulter de l'action préſente des loix de la Cryſtalliſation. Au reſte, je ne propoſe ces vues que comme des conjectures, qui me paroiſſent d'autant plus plauſibles, qu'elles ſont conformes à l'idée de la plus grande ſimplicité, qui ſera toujours le fondement des explications les plus heureuſes que l'on puiſſe donner des phénomènes naturels.

Il peut arriver, par une ſorte d'exception aux loix ordinaires de la Cryſtalliſation, qu'un cryſtal continue de croître en hauteur, tandis qu'il conſerve la même épaiſſeur. J'ai vu des cryſtaux de ſpath calcaire en priſme à ſix pans, terminé par deux faces exagones (28), qui sembloient composés de plusieurs prismes courts appliqués les uns sur les autres par leurs bases inférieures ; de manière que la réunion de ces prismes s'annonçoit sensiblement par une couche très-mince, plus transparente que le reste du cryftal, & interposée entre les deux prismes voisins. Dans les opérations de la Nature, il se rencontre des accidens, des circonstances secondaires, qui font varier l'effet des causes primitives; & si ces variations doivent avoir lieu, il semble que ce soit sur-tout à l'égard de la cryftallisa-tion, qui eft livrée à l'influence d'une multitude de causes particulières dont les actions se succèdent, s'entre-croisent & se balancent mutuellement (*a*).

86. La structure des cryftaux étant soumise, comme on l'a vu, à un petit nombre de loix

---

(*a*) C'eft encore à l'influence des causes accidentelles qu'il faut attribuer, ce me semble, les irrégularités de certains cryftaux, qui préfentent des défauts d'accroiffement dans quelques-unes de leurs parties, ou des excès produits par une matière furabondante dans les parties oppofées. De ce nombre font les cryftaux, dont certains angles folides font complets, tandis que les angles correfpondans manquent abfolument, & fe trouvent remplacés par des facettes.

fecondaires, dont les actions combinées modifient de différentes manières les formes des fubftances cryftallifées, les effets de ces loix fe trouvent néceffairement refferrés entre certaines limites, qui s'étendent depuis la forme primitive, que l'on doit regarder comme l'effet le plus fimple de la cryftallifation d'une fubftance, jufqu'à la forme qui eft le produit des modifications les plus compofées des loix dont il s'agit. Or, il me paroît que la détermination de ces limites eft un des problêmes d'Hiftoire Naturelle les plus intéreffans que l'on puiffe propofer, puifque la folution de ce problême donne, pour ainfi dire, la fomme de toutes les actions des loix d'affinité, qui follicitent les molécules de la matière à s'attirer mutuellement & à s'unir entr'elles. Je vais effayer de réfoudre ce problême par rapport au fpath calcaire, en cherchant combien il y a de formes poffibles dans ce genre de cryftaux, d'après la connoiffance que nous avons des décroiffemens les plus ordinaires que fubiffent leurs lames compofantes ; c'eft-à-dire, de ceux qui fe font par une & par deux rangées de molécules, foit pour les côtés des lames, foit pour leurs angles.

Repréfentons par A′ & par A″ les décroiffemens par une & par deux rangées de molé.

cules, pour l'angle *c* (*fig.* 84) d'une des lames *c l p q*, appliquée fur le noyau; par *a'* & par *a''* les décroiffemens vers l'angle *p*, & par B' & B'' les décroiffemens fur les angles latéraux, qui ne peuvent varier l'un fans l'autre, fans quoi le cryftal ne feroit pas régulier. Repréfentons par C' & C'' les décroiffemens par une & par deux fur les côtés *c l*, *c q*, & & par *c'* & *c''* les décroiffemens fur les côtés *l p*, *p q*. Il eft évident que ces quatre côtés varient auffi deux à deux. Enfin, défignons par F les faces ou facettes qui correfpondent aux faces du noyau, dans le cas où les décroiffemens s'arrêtent tout-à-coup à un certain terme, comme dans le grenat à 36 faces (72), nous aurons les onze quantités A', A'', *a'*, *a''*, B', B'', C', C'', *c'*, *c''*, F, parmi lefquelles F, prife toute feule, repréfentera le noyau ou la forme primitive. De ces onze quantités, il faut d'abord fupprimer *a'*, pour la raifon que je dirai plus bas.

Reftent dix quantités qu'il faut combiner une à une, deux à deux, trois à trois, &c. Faifant $m = 10$, on aura pour ces différentes combinaifons

$$m + m.\frac{m-1}{2} + m.\frac{m-1}{2}.\frac{m-2}{3}$$

$$+ m.\frac{m-1}{2}.\frac{m-2}{3}.\frac{m-3}{4}, \&c. = 10 + 45.$$

$+ 120 + 210$, &c. $= 1023$ combinaisons.

Obfervons maintenant que A', a'' & C' donnent, la première des faces horizontales, & les deux autres des faces verticales. D'où il fuit, 1°. qu'aucune de ces trois quantités ne pouvant exifter feule, fans quoi le cryftal ne feroit pas terminé dans toutes fes parties, il faudra retrancher trois combinaifons : reftent 1020 ; 2°. que la combinaifon a'' C' ne peut non-plus avoir lieu feule, puifqu'elle ne produiroit que des faces verticales, ce qui fait encore une combinaifon à retrancher : reftent 1019 combinaifons.

Je n'ai point fait entrer dans ces combinaifons les différens états que fubiffent certaines parties des lames, foit en reftant conftantes, foit en croiffant fuivant une loi particulière, tandis que les autres parties décroiffent. La raifon en eft, que les décroiffemens de ces dernières emportent néceffairement avec eux la conftance ou les variations des parties dont il s'agit. Ainfi, dans le fpath calcaire à fommets très-obtus (23), les décroiffemens des lames dans leurs bords fupérieurs par une rangée de molécules, rendent néceffairement ces lames conftantes par leur angle inférieur. Dans le fpath calcaire à douze plans pentagones (25), les variations que fuivent les lames de fuperpofition par leurs côtés H K, G D (*fig.* 20), font pareillement une fuite néceffaire des décroiffemens de ces lames, vers leurs bafes DK, par deux rangées de molécules. Ainfi tout dépend ici de la loi des décroiffemens ; en forte que fi l'on imagine différens plans appliqués fur les arètes des lames de fuperpofition aux endroits où celles - ci décroiffent, ces plans détermineront les faces du cryftal fecondaire, ou, ce qui revient au même, leurs communes fections fe confondront avec les côtés de ces mêmes faces.

On peut concevoir maintenant pourquoi , dans l'ordre des combinaifons, il faut fupprimer la quantité a', ou celle qui donne des décroiffemens par une rangée de molécules fur l'angle inférieur p (*fig.* 84) des lames de fuperpofition. Car foient A N G B , A B C O (*fig.* 85), deux des faces qui fe réuniffent trois à trois autour du fommet fupérieur A d'un noyau de fpath calcaire , & B G D C l'une des facès qui fe réuniffent autour du fommet inférieur D du même noyau. Nous avons vu (24) que quand les lames de fuperpofition décroiffoient vers leur angle G B C ou B C O par deux rangées de molécules, les facettes, produites par ces décroiffemens , avoient une pofition

verticale ; d'où il fuit qu'une loi de décroiffement dont l'action feroit plus lente, telle
que celle qui auroit lieu dans le cas des décroiffemens par une rangée , donneroit des
faces , dont la pofition indiquée ici par les
lignes BR , CQ, divergeroit par rapport à
l'axe AD du noyau (*a*). Donc les plans qui
paff(croient par ces faces formeroient, en s'en-
trecoupant, des angles rentrans. Or, j'ai déjà
remarqué (70) que les loix primitives de la
Cryftallifation paroiffoient exclure tout angle
rentrant dans les cryftaux. Ainfi la combinaifon dont il s'agit ne peut avoir lieu , même
en la fuppofant réunie avec une autre combinaifon ; ce qui feroit néceffaire , puifque ,
fans cela, le cryftal ne feroit terminé dans
aucune de fes deux extrémités , fon axe étant

(*a*) Les lames du fpath calcaire rhomboïdal à fommets aigus (36) varient , à la vérité, par des fouftractions d'une rangée de molécules fur leur angle inférieur. Mais il faut bien obferver que ces fouftractions
fe font en allant de la furface du cryftal au noyau ;
d'où il réfulte que fi l'on confidère ces mêmes lames
depuis le noyau, elles fubiffent de véritables accroiffemens , qui ne font que l'effet néceffaire des décroiffemens par les angles latéraux. Voyez la ftructure du fpath
dont il s'agit.

infini, à caufe de la divergence des faces à l'égard
de cet axe.

Parmi les 1019 combinaifons dont le fpath
calcaire eft fufceptible, il n'y en a guères que
trente qui foient connues, à en juger par les
defcriptions des Auteurs qui ont donné fur
cette matière les détails les plus amples. Il
eft vraifemblable qu'on en découvrira de nouvelles: mais je préfume que le nombre des
faces fe trouvera limité; & il n'y a guères
d'apparence que les dix pofitions que donneroit l'enfemble des quantités mentionnées fe
rencontrent toutes dans un même cryftal, at-
tendu qu'il faudroit qu'un grand nombre de
circonftances concouruffent, ce me femble,
pour produire un effet auffi compliqué. C'eft
à l'obfervation à nous apprendre quelles font
les limites jufqu'où s'étend la marche de la
Nature dans les variations dont cette marche eft
fufceptible.

87. Je vais maintenant donner un exemple
d'une ftructure relative à une modification de
forme que je n'ai point encore obfervée jufqu'ici dans les fpaths calcaires, & que je ne
fache pas qu'aucun Auteur ait décrite.

Concevons que les lames appliquées fur un
noyau rhomboïdal de fpath d'Iflande décroif-

fent feulement dans leur angle fupérieur A (*fig.* 86), par deux rangées de molécules. Les faces produites par ces décroiffemens ref-teront contiguës aux deux fommets de l'axe, & feront, avec cet axe, un angle beaucoup plus ouvert que celui qui eft formé par les faces du noyau avec le même axe. En confi-dérant ces faces comme autant de plans qui s'entre-coupent, il fera aifé de voir, avec un peu d'attention, que leur affortiment doit produire un rhomboïde très-applati, dont il s'agit maintenant d'examiner la ftructure, & de déterminer les angles plans.

Soit A D F P (*fig.* 87) une des faces qui fe réuniffent trois à trois au fommet A de ce rhomboïde, & foient D F G N, P F G E, deux faces de la partie inférieure du cryftal, G étant le fommet oppofé. Ce cryftal ne pou-vant être divifé que parallèlement aux faces du noyau, les plans coupans détacheront d'abord des lames triangulaires, telles que *h r k* B *z* O, &c. dont l'inclinaifon, par rapport à l'axe, fera tournée vers le fommet A. La ftructure d'une de ces lames eft indiquée par la pofition des rhombes qui occupent la furface du trian-gle *h m k* (*fig.* 86), où l'on voit que les lignes *h m, m k*, font dirigées de manière qu'en-tre leurs interfections *h i m*, avec les rhombes

compofans, il y a toujours deux de ces rhombes
interceptés ; ce qui eft une fuite de la loi
des décroiffemens par deux rangées de molécules. Au-delà des milieux B , O , &c. (*fig.* 87)
des côtés D F , P F, &c. , où les fections voifines fe touchent, ces fections s'entre-coupe-
ront de manière que les angles B, O, des triangles B*m*O (*fig.* 86) difparoîtront, & que ces
triangles prendront des figures pentagones,
telles que *ac m n d*, & pafferont par degrés à
la figure du triangle *b m g* (*a*). Alors on aura
un folide à douze faces triangulaires, dont fix
femblables entr'elles, & repréfentées par le
triangle A R S (*fig.* 87), feront les réfidus
des faces ordinaires du rhomboïde que nous confidérons ici ; & les fix autres, telles que *b m g*
(*fig.* 86) , feront femblables à des moitiés de

____

(*a*) Les lignes qui forment ici le pentagone *ac m n d*,
indiquent feulement les pofitions refpectives, & non
les dimenfions des côtés de ce même pentagone ; car
comme il s'accroît en hauteur, non-feulement vers fa
bafe, mais auffi vers fon fommet *m*, à mefure que
l'on détache de nouvelles lames, il eft aifé de concevoir que les fections *a c*, *d n* font plus éloignées l'une
de l'autre que dans la figure ; en forte que quand le
pentagone eft parvenu à la figure du triangle *b m g*, la
bafe *b g* de ce triangle doit être conçue comme étant
encore égale à la ligne B O.

rhombes

rhombes du fpath d'Iflande. Au-delà des points R, S, &c. (*fig.* 87), les fečtions intercepteront des pentagones *o x m y z* (*fig.* 86), qui retourneront par degrés à la figure du rhombe *s t m u*; & à ce terme, le noyau du folide paroîtra à découvert.

Telle eft la ftručture de ce rhomboïde, qui, s'il exiftoit, feroit le quatrième dans le genre des fpaths calcaires. On n'en peut point imaginer d'autre, en n'admettant que les loix de décroiffement par une ou par deux rangées de molécules.

88. Cherchons maintenant la valeur des angles plans de ce rhomboïde. Soit *a o p g* (*fig.* 88) une coupe du noyau femblable au quadrilatère *a b d g* de la *Pl. III, fig.* 24; c'eft-à-dire, formée par les petites diagonales *a g, o p,* de deux faces oppofées de ce noyau, & par les côtés ou les arètes *a o, p g,* comprifes entre ces diagonales. Prolongeons *p g* jufqu'à ce que l'on ait *g c = p g*; menons *a c r* prolongée indéfiniment ; puis ayant coupé l'axe *a p* en trois parties égales aux points *n, h,* menons fur cet axe les perpendiculaires *n c, h r,* jufqu'à la rencontre de la ligne *a c r.* Soit *a m t* le triangle menfurateur, les décroiffemens fe faifant ici par deux rangées de molécules, *a m* fera (14) la petite diagonale

entière d'une de ces molécules, & mt l'une des arêtes. On aura donc (30) $am = 2\sqrt{2} = \sqrt{8}$, & $mt = \sqrt{5}$. Or, à cause des triangles semblables amt, agc, nous pouvons faire aussi $ag = \sqrt{8}$, & $gc = \sqrt{5}$. Maintenant les triangles pgh, pcn, qui font aussi semblables, donnent $pg : ph :: pc : pn$. Substituant (30), on aura $\sqrt{5} : 1 :: 2\sqrt{5} : pn = 2$. Donc $cn = \sqrt{pc^2 - pn^2} = \sqrt{20 - 4} = 4$. De plus, nous avons vu (35), que $ap = 3$. Donc $pn = 2$, & $an = 1$. Donc $ac = \sqrt{cn^2 + an^2} = \sqrt{16 + 1} = \sqrt{17}$. $hr = 2cn = 8$; & $ar = \sqrt{hr^2 + ah^2} = \sqrt{64 + 4} = \sqrt{68}$; enfin $pr = \sqrt{hr^2 + ph^2} = \sqrt{64 + 1} = \sqrt{65}$. Or, dans tout rhomboïde, l'extrémité de la petite diagonale se trouve toujours à la même hauteur que le point h, qui est aux deux tiers de l'axe. Donc ar sera ici cette diagonale, & ps sera l'une des arêtes du rhomboïde; donc dans ce solide la petite diagonale est au côté, dans le rapport de $\sqrt{68}$ à $\sqrt{65}$. Soit ADFP (*fig.* 89)

l'une des faces du rhomboïde, on aura A D
$= \sqrt{65}$, AC $= \frac{1}{2} \sqrt{68} = \sqrt{17}$, &
par conséquent D C $= \sqrt{65-17} = \sqrt{48}$
$= 4\sqrt{3}$. Résolvant le triangle rectangle ADC,
d'après ces données, on trouvera pour le logarithme de l'angle D A C le nombre 99341639,
qui répond à 59° 14′ 32″; d'où il suit que
l'angle obtus D A P est de 118° 29′ 4″, &
l'angle aigu A D P de 61° 30′ 56″.

89. On pourroit, en imaginant d'autres combinaisons, déterminer de nouvelles formes
analogues à celles qui sont déjà connues. J'ai
prouvé (22) que quand les lames qui s'appliquent sur le noyau décroissoient continuement
dans leurs bords supérieurs A B, A O (*fig.* 86),
par la soustraction d'une rangée de molécules,
il en résultoit un rhomboïde à sommets plus
obtus que ceux du spath d'Islande, mais moins
que ceux du rhomboïde que nous venons de
considérer. Supposons maintenant que les lames
de superposition décroissent, vers les mêmes
bords par des soustractions de deux rangées
de molécules. Ces décroissemens produiront
un solide S G N R T H (*fig.* 90.) à douze
faces triangulaires isocèles, toutes égales entr'elles, & dont l'angle au sommet C G R
ou H G C, ou, &c., sera de 53° 7′ 48″, comme

on peut s'en convaincre en calculant cet angle,
d'après la loi de décroiffement indiquée. Nous
avons déjà dans le fpath calcaire un cryftal à
deux pyramides exaèdres (33), mais dont les
faces font des triangles fcalènes. Le folide dont
il s'agit ici fe divifera par des fections *a b e d*,
faites parallèlement au plan qui feroit cenfé
paffer par les arètes G H, G R, lefquelles
font celles du noyau lui-même. Il fera facile
de concevoir tout le refte, en faifant attention à la ftructure qui doit réfulter des décroiffemens dont j'ai parlé.

90. Il peut même arriver que deux formes
tout-à-fait femblables fe trouvent dans le même
genre avec des ftructures différentes. Concevons
des lames qui décroiffent vers leurs bords inférieurs B C, O C (*fig.* 86), par une rangée de
molécules. Ces lames, en s'appliquant fur le
noyau, produiront un folide à fix faces verticales, qui feront des parallélogrammes obliquangles *co n r, r n s* (*fig.* 91), terminé par
deux fommets, dont chacun fera formé de
trois rhombes, tels que *a c r s*, femblables à
ceux du noyau. Ce cryftal exifte en effet, &
a été décrit par M. Bergmann dans l'Ouvrage
cité N°. 27. Maintenant, fi les lames de fuperpofition décroiffent en même temps vers
leurs angles fupérieurs, tels que *a*, par une

rangée de molécules, ces décroissemens produiront des faces horizontales, aux deux extrémités du folide, qui feroit alors entièrement
femblable au prifme à fix pans rectangles du
N°. 28 : mais ce folide fe diviferoit par des
fections obliques fur les arêtes verticales, telles
que $b\,d$, $r\,n$, & non pas fur les arêtes formées
par les côtés de l'exagone, comme dans le prifme
dont je viens de parler. On voit par-là de combien de variétés la Cryftallifation eft fufceptible.

Au refte, quoique les formes des cryftaux
foient déjà très-multipliées, & qu'il y ait lieu
de préfumer, d'après tout ce que je viens de
dire, qu'on en découvrira encore un grand
nombre par la fuite, cette confidération ne
doit point faire naître contre la Cryftallographie
un préjugé auffi injufte, j'ofe le dire, qu'il
feroit nuifible aux progrès de la fcience des
minéraux, puifqu'il nous en feroit négliger
un des points de vue les plus intéreffans &
les plus curieux. Efforçons-nous plutôt de voir
la Nature telle qu'elle eft, d'en fimplifier
l'étude, en la foumettant à des principes fixes
& conftans, & de faire difparoître une partie
des difficultés qu'entraîne cette étude, en liant
les détails les uns aux autres par les vues les
plus générales auxquelles nous permette de

nous élever le peu de connoiffance que nous
avons des caufes ultérieures auxquelles le Créa-
teur a foumis les différens phénomènes de l'Uni-
vers,

BIBLIOTHEQUE ROYALE

TABLE
DES MATIERES.

A

B

C

CRYSTAUX. Ce qu'on entend par ce terme, *p.* 2.
Id. p. 48. Leur noyau, *p.* 11 & *fuiv. Id. p.* 51 &
fuiv. Leurs formes primitives, *p.* 49 & 50. Leurs
formes fecondaires, *p.* 50. Leur divifion mécanique,
p. 10. *Id. p.* 50 & *fuiv.* Loix de décroiffement, auxquelles leur ftructure eft affujettie, *p.* 21 & *fuiv.*
Id. p. 56 & *fuiv.* Leur accroiffement doit être diftingué de leur ftructure, *p.* 55 & 56. *Id. p.* 209.

D

DÉCROISSEMENS. *Voyez* LOIX.

E

ÉMERAUDE (fauffe), *p.* 135.

F

FACETTES SURNUMÉRAIRES DES CRYSTAUX.
Leur explication; *p.* 30.

FELDT-SPATH. *Voyez* SPATH ÉTINCELANT.

FORME PRIMITIVE DES CRYSTAUX. Exifte
comme noyau dans toutes les variétés d'un même
genre, *p.* 10 & *fuiv. Id. p.* 51 & *fuiv.* On ne peut
établir aucune méthode avantageufe en Cryftallographie, fans partir de la vraie forme primitive des
Cryftaux, *p.* 31 & *fuiv.*

FORMES DES CRYSTAUX. Combien elles font
variées, *p.* 3 & 4. Nombre des formes poffibles dans le
genre du Spath calçaire, *p.* 217 & *fuiv.*

FORMES SECONDAIRES DES CRYSTAUX,
p. 50. Peuvent être regardées comme des variétés
par excès ou par défaut de la forme primitive, *p.* 34
& 35.

G

H

L

M

Q

N

O

P

R

S

T

De l'Imprimerie de DEMONVILLE, rue Chriftine. 1783.

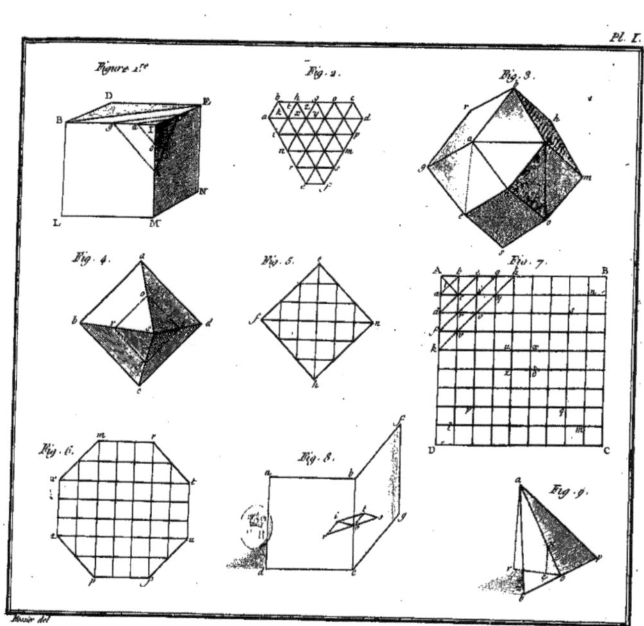
Figure 1.re
Fig. 2.
Fig. 3.
Fig. 4.
Fig. 5.
Fig. 7.
Fig. 6.
Fig. 8.
Fig. 9.
Bossin del.
Sellier Sculp.

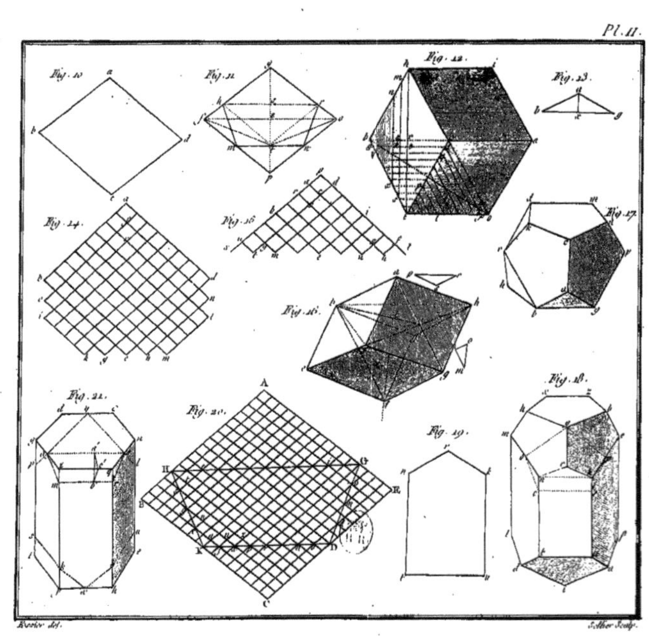

Pl. II.
Fig. 10.
Fig. 11.
Fig. 12.
Fig. 13.
Fig. 14.
Fig. 15.
Fig. 16.
Fig. 17.
Fig. 18.
Fig. 19.
Fig. 20.
Fig. 21.

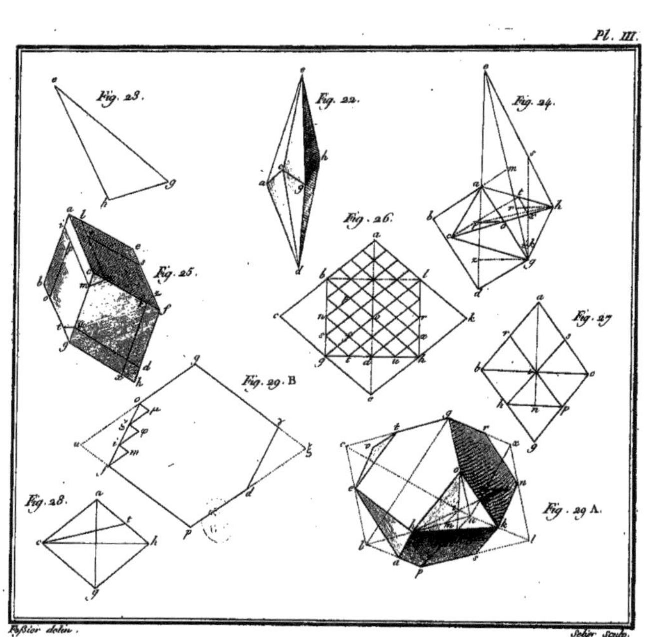
Fig. 23.
Fig. 22.
Fig. 24.
Fig. 25.
Fig. 26.
Fig. 27.
Fig. 29. B
Fig. 28.
Fig. 29. A.
Faßier delin.
Sellier Sculp.

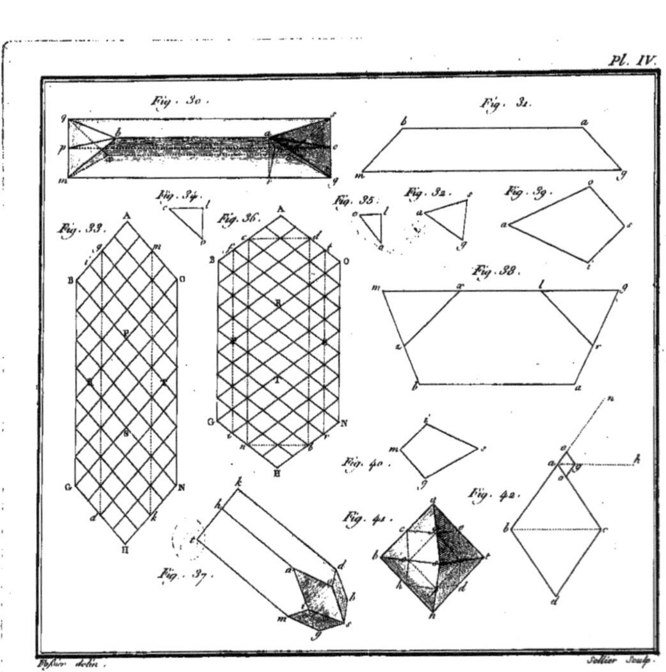

Plassan delin.   Sellier Sculp.

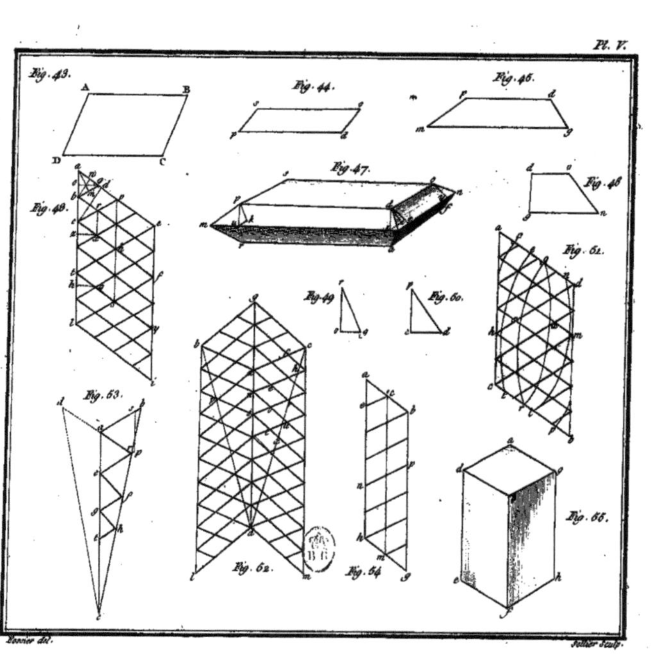

Bonnier del.
Jollier sculp.

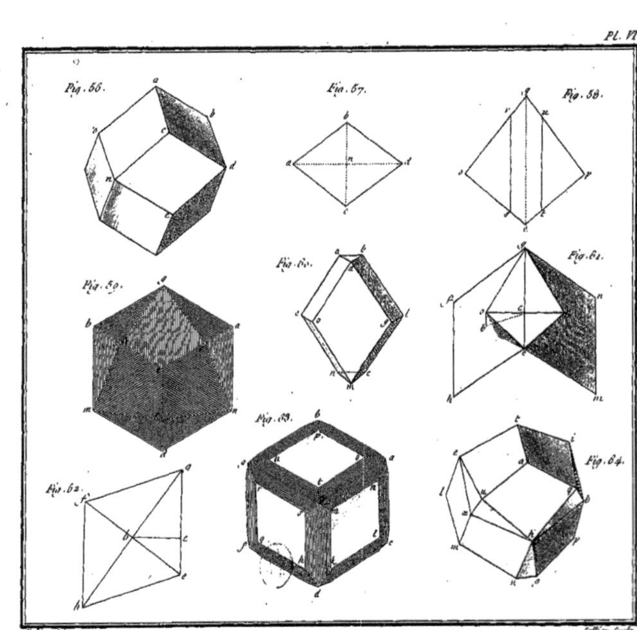
Fig. 56.
Fig. 57.
Fig. 58.
Fig. 59.
Fig. 60.
Fig. 61.
Fig. 62.
Fig. 63.
Fig. 64.

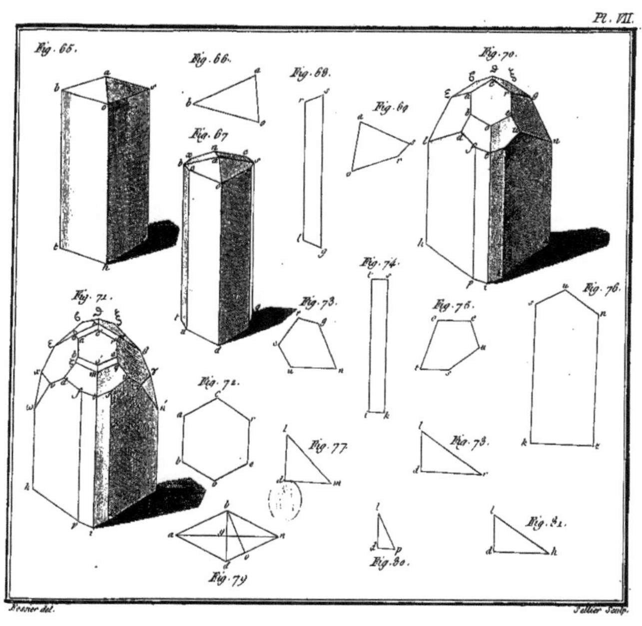

Rosnier del.   Tellier Sculp.

Pessier del.
Sellier Sculp.

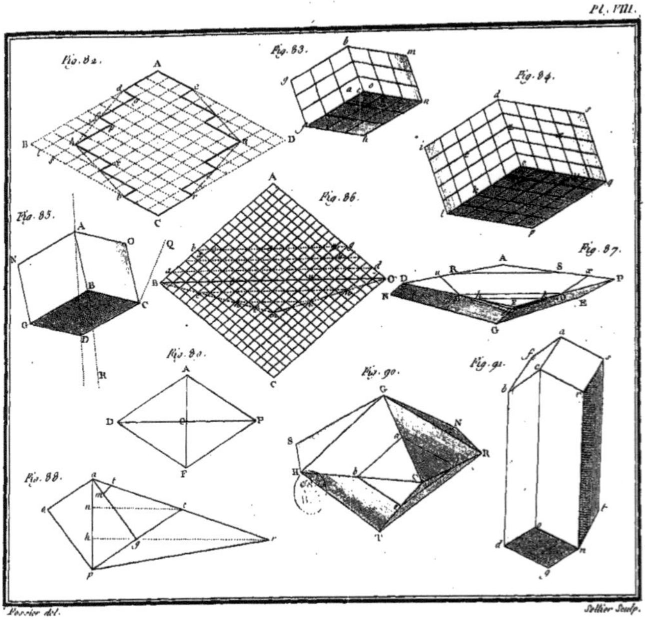

www.ingramcontent.com/pod-product-compliance
Ingram Content Group UK Ltd.
Pitfield, Milton Keynes, MK11 3LW, UK
UKHW021513090726
13657UKWH00001B/204